国际时装设计与调研

（英）艾金玛·恩波露 著

陈添　胡晓东 译

U0377677

东华大学出版社

·上海·

图书在版编目（CIP）数据

国际时装设计与调研 /（英）恩波露著；陈添，
胡晓东译—上海：东华大学出版社，2015.7
ISBN 978-7-5669-0783-7
I.①国…II.①恩…②陈…③胡…III.①时
装—服装设计—调查研究 IV.① TS941.2

中国版本图书馆 CIP 数据核字（2015）第 102927 号

责任编辑 谢 未

编辑助理 李 静

装帧设计 王 丽 刘 薇

国际时装设计与调研
Guoji Shizhuang Sheji yu Diaoyan

著　者：（英）艾金玛·恩波露

译　者：陈添　胡晓东

出　版：东华大学出版社

（上海市延安西路 1882 号　邮政编码：200051）

出版社网址：http://www.dhupress.net

天猫旗舰店：http://dhdx.tmall.com

营销中心：021-62193056　62373056　62379558

印　刷：上海利丰雅高印刷有限公司

开　本：889 mm×1194 mm　1/16

印　张：11.75

字　数：414 千字

版　次：2015 年 7 月第 1 版第 1 次印刷

书　号：ISBN 978-7-5669-0783-7/TS·609

定　价：78.00 元

目录

引言

调研是时装设计的基础。创新的设计源于调查研究的实施。本书旨在通过重点阐述确保设计灵感得到彻底并有创造性的开发的核心因素，来揭示调研的过程，并以此来指导时装设计的学生。在调研的过程中，你将创造用来开发设计概念的模块。本书将向你展示如何基于一个最初的设计灵感，通过一系列的调研方法来全面探索并形成设计概念。在这个发散且范围广泛的初级阶段，对第一手资料、二手资料、色彩、面料以及市场进行调研，将你置于一个清晰、明朗的视角中，从而形成更深刻的理解力，并运用于随后的设计概念拓展中。

第一章——什么是设计调研？ 考察调研的概念，明确第一手资料调研和二手资料调研的区别及各自的优势。概略性的介绍远不足以说明问题，因此第二章讲述如何开始做调研，集中介绍了启发灵感的各种方法。

时装是设计给人们穿的，然而人们的品味和消费能力又大相径庭。花点时间揭秘服装市场，辨别服装市场的各种组成部分，能帮你弄清楚你设计的目标市场。这些内容将在第三章的市场调研中讨论。

第四章——资讯调研，将讨论如何充分利用在图书馆找到的资料以及通过逛街这种调研活动所获取的资讯。

第五章——创意调研，将介绍一系列亲自动手做第一手资料调研的方法，并充分讨论二维和三维形式的创意探索。

第六章——面料调研，旨在激发你对面料的好奇心，并构建对纤维、面料和相关术语的知识体系。色彩的影响是第七章色彩调研的重点，本章还介绍了色彩的基础理论以及色环的用途，这些色彩基础知识将有助于你的调色板的开发。

第八章——概念开发，将讨论在完成第一手和二手资料调研之后所需要做的工作。比如，如何充分利用整理好的调研素材，如何审核调研的结果，如何调整你的设计概念等等。本章将带你回顾设计开发的整个过程，并制作款式细节图完成作品集。

本书将是你在时装设计调研时的最佳伙伴。本书取材于学生和专业时装设计师的设计和各种图片，将在设计过程的各个阶段给予你启发。

开始尽情地享受乐趣吧！

第一章 什么是设计调研?
What is Research?

作为一名时装设计师,设计调研是你日常生活的一部分。灵感随时随地都有可能产生。对于启发灵感,是有一些方法可以遵循的,而且所有的设计师都在用这些方法,比如一手资料调研法和二手资料调研法。那么应该做多少设计调研呢?你将如何保证你的研究是在正确的方向呢?本章将向你展示如何确保你的设计调研既有深度又有相关度,并使得开发的设计系列具有创意性、创新性和独特性。

什么是调研？

上图
　在人模上用面料做立体裁剪。
中图
　该速写本里展示了第一手资料调研：做染色工艺的试验以及面料造型的探索。
下图
　该速写本里展示了对二手资料调研资源的使用。

　　调研是时装设计的基础，也是任何设计系列开发的起点。如果没有调研，也就没有设计，起码不会是优秀的设计作品。调研可以随时进行，涉及面也很广，可以是观察你周围的世界，或者是收集并记录一些能启发你的物品、图像和灵感。第一手资料调研是由你亲自来做的全新的研究；而二手资料调研则是收集由他人创造的资料，这些资料可以来自于书本或者网络。

　　你的调研可以是每天都持续不断地做收集工作，也可以是特别针对某个项目而做的。不要认为调研只是个艰苦的工作，其实这是能发现潜在创意宝藏的机会。

调研具有整合性。一位智者告诉我，"时尚并不是来自于时尚本身"，我很认同这句话。——卡罗琳·梅西（Carolyn Massey）

对我而言，吸收世界各地的文化很重要。因为这些能形成自己独特的沟通方式，也提供了一种能超越自己的精神家园的方法。——罗密欧·吉利（Romeo Gigli）

调研可以采用情绪板的形式，也可以通过出门旅行采风的形式。调研是一个完整的创意过程，不能其中遗漏任何一个细节。——英国女装品牌PPQ

调研的价值

时装设计调研是一种具有启发性的调查，启发得到的灵感是有助于设计过程的。调查越深入，可供设计的机会就越多，彻底的调查使得调研材料的各个层面间的联系越来越多，原因很简单，因为可以有更多的材料可供使用。而浅显的调研，就像名称所描述的那样，仅仅是对很浅层面的调查，如浮光掠影一般，因为材料间的联系较少，故而所形成的设计灵感不足以支撑整个设计开发。调研应该通过一个归类和编辑的过程来确定概念和创意方向。研究你搜索到的资料，需要的话，再次进行搜索。

服装行业本质上是瞬息万变的，具有节奏快、流行周期短等特点。没有什么在服装行业是完全崭新的，时尚是一个循环，其核心就是再创造。创新的能力是设计师的基本技能，设计师可以通过运用强大的调研方法来开发自己的创新能力。设计师不可能凭空创造，他们就像是海绵，不断地从环境中吸取并发现新的灵感。不论是面料上的科技革新，还是对社会环境的反应，设计师们都在创新事业的最前沿。

左图
通过对廓形、比例、线条、面料及颜色进行调研，就能设计出风格统一的设计系列。在这个系列中，哑光毛毡面料配以超薄的雪纺，色块富有趣味性地划分了人体的比例，而对肩部的强调产生了头重脚轻的廓形。

第一手资料调研

上图

学生在伦敦服装面料博物馆（the Fashion and Textile Museum, London）的英国设计师汤米·纳特（Tommy Nutter）的展览"Rebel on the Row"前画素描。

下图

日本设计师山本耀司（Yohji Yamamoto）在伦敦国立维多利亚与艾伯特博物馆（the Victoria and Albert Museum, London）的展览。

"Primary research"是第一手资料调研的意思。这些资料都不是现成的，而是要靠你来调查获得。第一手资料调研需要用到很多方法来收集和整理这些材料，比如，用面料做试验、拍照、制作面料拼贴样品，或者到画廊、博物馆及名胜风景区采风画素描。

当你在画廊采集素材时，你是通过画笔来诠释你对展品的理解。你的重点是记录展览里那些启发你的和能派上用场的元素。这些元素包括颜色、形式、面料肌理和廓形。

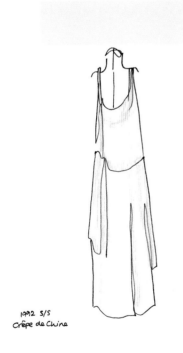

1992 S/S
Crêpe de Chine

BLACK PLEATED
SKIRT IN HOMAGE
TO MADAME GRÈS
& WHITE SHIRT.
S/S '05
COTTON SILK.

W39
Grey Tweed Jacket
& Skirt w/gathered
Waist·
A/W 08-09
Wool.

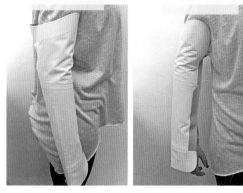

制作面料样品、试验设计的细部结构以及对面料的改造对于服装调研而言，都是实践性的方法，这些都给设计师的设计开发提供了起点。比如，设计大师三宅一生（Issey Miyake）以其擅长使用褶皱面料而著称，他作品的核心是对面料的改造和掌控。在人模上操作可以探索和研究轮廓、比例和形式，使你能将二维图稿和设计在三维立体上实现。

上图
　通过将面料黏合起来制作了衬衣袖子样品。受到概念引导式方法的启发，探索医院护士服的实用性。
下图
　对投影进行试验，以决定某个系列中外套的印花图案设计。

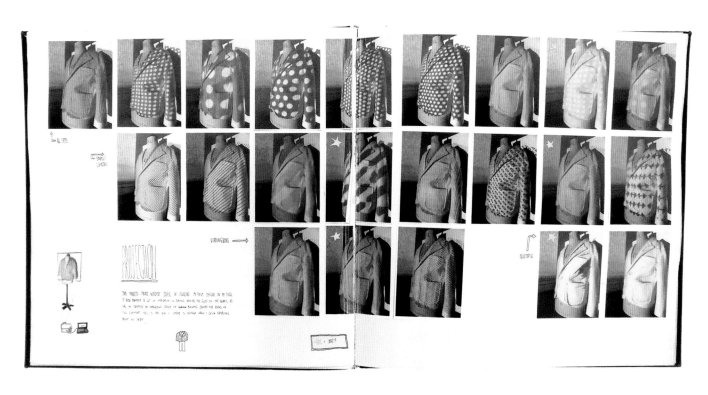

上图

受到速写本中左侧艺术图案的启发而制作的面料样品（右侧）。

下图

为进一步探索设计概念而做的面料试验，能指导你如何设计以及设计什么。

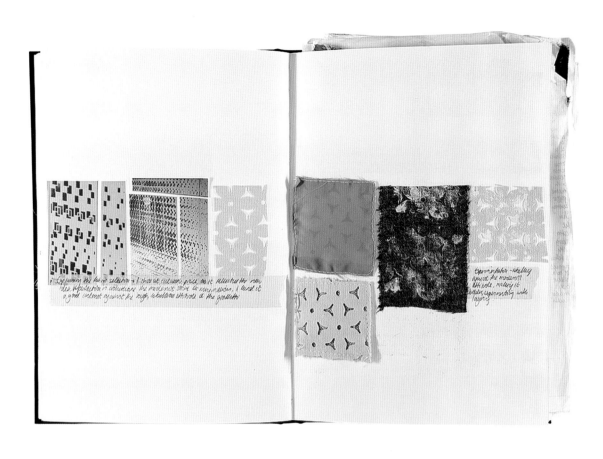

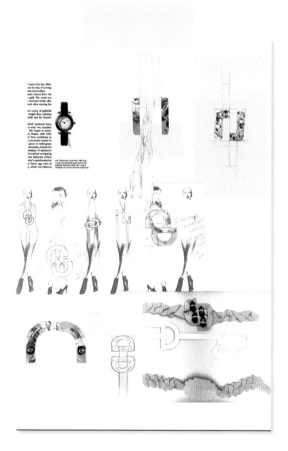

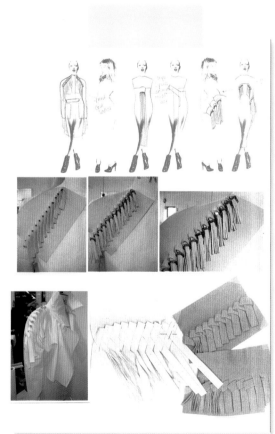

　　拍照法对于第一手资料调研也是适用的。拍照对于记录研究素材而言，是最快捷且使用频率最高的方法。你可以用相机来记录启发灵感的任何物品和景色。你也可以通过拍照来记录在人模上做的各种造型试验。这些照片都可以启发灵感。通过使用诸如Photoshop等图像处理软件，可以对图像做很多试验，同时也有启发作用。

上图

　　拍照对于第一手资料调研是最方便的。带上你的相机，花一整天的时间出去逛逛，既有趣又能获得大量具有启发性的图片。

下图

　　在人模上进行创意设计的探索也是一手资料调研的一种形式。用拍照记录下每一次的修改，可以供以后设计开发时做参考。

街拍用于记录时下人们的时尚着装，这种形式是非常好的实践性调查。很多设计师从街头吸取了设计灵感。相应地，街头流行也从时尚T台中获取灵感，通过一系列借鉴的过程，将其转化为全新的设计。街头流行的影像素材的取材很广泛，比如时装杂志、书籍或者网络。互联网使我们可以很轻易地获得这些图像资料，使得地球这一端的新生流行趋势很快就影响到了另一端。

有很多街头时尚博客的博主们，常年流连于市场、酒吧、俱乐部和国际时装周秀场，热衷于采集人们的一些有趣的着装搭配。走在潮流浪尖对他们而言至关重要。

利用收集到的自然艺术品、照片和其他印刷品来制作拼贴画，也是一手资料调研方法。虽然这些物品都是现存的，但拼贴画却仍是原创的（在艺术设计领域，一件自然艺术品，并不是一件人为的艺术品，但是它本身所具有的艺术美学的价值却在后来被发现了）。作为第一手资料调研方法的拼贴画法，它在设计研发过程的各个阶段都有很大的作用。从本质上说，拼贴画是一种记录灵感的既快速又自然的方法。通过探索和试验不同材料和图像也是一种有趣的启发灵感的创作过程。关于如何进行第一手资料调研将在本书第五章中详述。

练习：

购买一个既轻便又好用的相机。试着在一个月内，把你觉得有趣的和有启发性的事情都拍下来，每天只拍一张，一个月下来，把照片归集成册，经常翻开看看。

下图
左边是传统因纽特人的服饰，其颜色、面料肌理和朴素的线缝细节形成了右边速写本里的拼贴作品。

为什么要做第一手资料调研？

右页图

上图

这里有两张维也纳贝尔维第宫（Belvedere Palace, Vienna）的人面狮身塑像斯芬克斯的图片。亲身体验能让你对事物有全方位的认识，并能启发形成一整个设计系列。

中左图

海边很容易触发对过去和现在的回忆。

中右图

触觉学是研究通过触觉对事物形成的感知。没有任何东西摸起来是和湿粘土很像的。

下图

不同的香味能将你传送到另一个时空。

如果你能买到明信片，或者能复印书里的图像，亦或者上网下载图片，那为什么还需要画下来或者拍照片呢？如果你可以在家里的工作室舒舒服服地做调研，为什么还需要满世界到处跑呢？答案很简单，就是体验。你对周围世界的个人体验是很值得探索的。试想一下，一种是你亲自去读一本书或者看一场电影，另一种是你被告知书里和电影里的内容，这二者显然是不同的体验。这是因为第一手的接触能让你对一种体验有自己的诠释，而不是去接受他人的观点。

当然，仅仅依靠很浅层次地接触第一手资料是很难启发灵感的，而必须通过触摸、闻味、倾听和品味来获取灵感。关于儿童是如何学习和感知这个世界的理论存在很多不同的观点，但是所有观点的共识是，亲身体验发挥了主要的作用。通过触摸面料来感知其质地，究竟是柔软顺滑的，还是厚实温暖的。气味、声音和味道能不断地唤醒童年的记忆，或者帮助建立过去与现在的联系，从而启发整个设计系列。在画廊里看到作品里真实的颜色所带来的惊喜，可不是书上的影印版能企及的。由于图像是复制印刷的，因此较之于原作丰富的色彩而言，复制品往往显得过于平淡。

调研是设计系列开发的基础。不仅要研究可以看得到的，而且要收集和回忆感觉、情境、情感。这些信息被我们消化吸收，变成了可视性更强的主题。从这一点来看，调研变得越来越不像潜意识的行为。——男装品牌Blaak的日本设计师冈田幸子（Sachiko Okada）

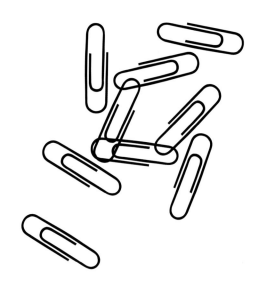

二手资料调研

二手资料调研是研究已经存在的资料，而不是你自己调查到的材料。这可以帮助你扩大视野，可以了解到那些无法亲身触及的物品、地点和现实情况。二手资料调研会用到很多研究方法，比如，轻松愉快地翻阅时尚杂志，或是随手撕下你感兴趣的那几页，还可以通过使用搜索引擎就某个主题广泛地阅读，或是把堆积如山的书里夹着书签的页面都复印下来等等。

来自书籍、杂志、明信片、期刊、视频、网络等途径的材料基本上都是以图片和文字的形式收集到的。除此以外，图书馆也是很好的二手资料来源，因为它保存着大量各种形式的二手资料。

需要注意的是，复制图像的画质会千差万别。在300dpi的分辨率下复印或者扫描图像的画质就不错，而从网络下载的图像，一般只有72dpi的分辨率，看起来像马赛克，所以要想方设法避免这种情况发生。

参考历史文物和手工艺品，比如古代的服装，也是常用的方法。对曾经流行过的时尚的了解也是时尚知识体系的一部分，因为经常受到这种环境的熏陶能帮你打下良好的基础。当然并不是只有去博物馆才能看到馆藏服装，在书上或者博物馆的官网上也是可以看到的。

更多关于如何获取并使用这些资源将在本书第四章中具体阐述。

调研决定了每一季和每个设计系列的开发方向。在开始新系列开发时，第一个决策就是调研，一切的工作都源于这个起点。因此在这个阶段，我会置身于对当季开发有帮助的氛围中，包括大量优秀的书籍、电影和图片。
——品牌6/8

上图的分辨率为300dpi，下图为低分辨率，只有72dpi。

为什么要进行二手资料调研？

上图
温哥华的印第安人绘制的图腾柱子。

下图
由旅行者号宇宙飞船发回的照片合成的图像。

二手资料调研的成果可能非常有用，而且意义深远。不论是搜寻历史图片还是调查整个太阳系，从二手资料调研先入手，会比第一手资料调研更容易和便捷。作为一个设计学生，从导师那里拿到设计项目概要后，你所要做的就是一头扎进学校图书馆，开始着手二手资料的调研。

上图
　　正在抽大雪茄的古巴女性。

　　下左图
　　在奥扬塔伊坦博（秘鲁古城）背着小孩的秘鲁女性。

　　下右图
　　莫斯科瓦西里大教堂的圆屋顶。

调研的时间分配

一个设计师的创新能力很大程度上取决于深入的调研。然而，调研的时长决定于设计项目的时间架构。在学校做调研的时间架构和在企业不太一样，通常情况下，在学校做的调研耗时更长。

为了能合理利用时间，就应该提前规划好要花多长时间来做调研。要想计算设计过程的各个阶段需要花多久，就需要从最后的期限反推，如有指定，还需要包括打样和制作的时间。每个人的操作方式都不一样，有些人在调研阶段花更多的时间，而另外一些人把更多时间花在样品制作阶段。

以一个10周的设计项目为例：

第10周：为你的作品集用CAD软件或者手绘款式细节图；

第6～9周：本阶段要完成版型制作并剪好纸样，用白坯布或者选定的面料来做试身样；

第4～5周：花2周的时间整理最初的创作思路，继而开始设计开发；

第1～3周：最开始的3周时间集中精力做调研，收集素材、画素描、拍照片、收集面料、样品、辅料和扣件等。

以上阶段并不是相互孤立的，有些阶段之间是有重叠的。设计项目的规模大小很大程度上决定了你将分配多长时间用于调研和设计过程的其他阶段。

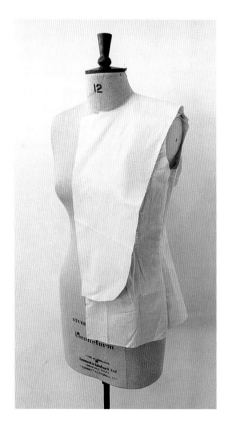
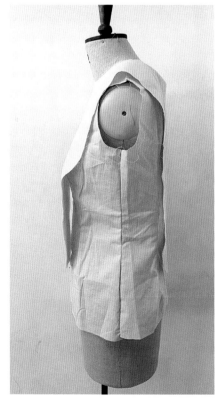

保证调研具有相关性

在进行调研时，需要考虑效率。你希望从调研中获得什么来帮助设计服装呢？有时候收集的素材太多了，反而更难判断哪些才是对创意设计有潜在的用途。在处理很抽象的素材时也会遇到这种状况。所以在整个调研和设计开发过程中，要定期问自己以下的问题：

我能从调研中得到一个廓形吗？

有没有关于调色板的建议可以探索一下？

我的调研是针对某种面料吗？

我能获取到一些设计细节吗？

调研考虑到了比例关系吗？如果有，比例关系应该是什么样的？

我有充分利用文化影响的因素吗？

我找到了足够多的细节供设计参考吗？

有没有关于面料改造的建议可以探索一下？

我有充分利用历史文献吗？

希望以上这些问题能帮你保证自己的调研和设计任务具有关联性。

下图
基于对A廓形的调研而开发的设计系列。

Form Follows Function

1.廓形

廓形是服装或者造型的总体轮廓。在关注细节之前，廓形是眼睛最先看到的事物。廓形可以通过对特定元素的强调来给设计系列定一个基调，比如，夸张的肩部设计和极低的低腰裤，都是亚历山大·麦克奎恩（Alexander McQueen）早期设计作品中的代表性廓形。在服装历史上，低腰是20世纪20年代的代表廓形，就如迷你裙是60年代风靡一时的廓形。

2.比例

服装和造型的比例是基于其廓形的。比例是有关身体被如何划分以及各部分之间的相关性。身体可以按纵向、横向或者斜向以及其他方式来进行分割。尝试不同色块或者面料位置的变化有助于对比例的强调。

3.线条

服装上的线条就是服装的分割。我们这里重点关注衣服上的线缝和省道以及其视觉效果。通常，纵向的线条对于拉长身长有很好的效果，而横向的线条则增加了身体的宽度；曲线善于传达柔性，而直线则凸显了阳刚的特点。

4.文化参考

从总体上来审视文化，不管是你的还是其他人所属的文化，能为你的调研过程提供有用的参考材料。文化上的参考可以是关于服装的、建筑的或者音乐方面的，事实上，可以是关于任何事物的。

5.历史参考

历史上各时期的服装，包括当代的服装，都给服装设计的调研提供了有用的历史参考。各时期的服装可以在专门的博物馆、书里的插画、绘画作品、期刊或网上找到。随着时间的推移，服装的变化非常大，不同的时代对体型不同部位的强调反映了各时代的潮流。

下图
文化和历史参考能帮你从不同的视角探索廓形、比例和线条。

你的调研是独一无二的

独立设计师深深影响了调研材料的收集和整理方式。事实上，他们的调研方式反映出他们的个性，可能是杂乱无序的，也可能是整齐有序的。对于素材的诠释方式也和设计师本身一样，是独一无二的。即使是对相同的体型进行研究，不同的设计师的理解和诠释也各不相同。

独特性的具象化，其实就是设计师独特的个性能体现在他们的调研中。独特性保证了不同点的存在，可以让作品少一点模仿而多一点创新。

我会更多地关注丑的事物，因为其他人从来都会忽略这些。——亚历山大·麦克奎恩（Alexander McQueen）

如果设计开发进展很顺利，说明调研起到了非常重要的作用。换句话说，调研时需要很有激情而且乐在其中。我很喜欢调研的过程，特别是当头脑里浮现的创意灵感开始变成具体的设计工具的时候。它可以是一个灵感，或者思想，亦或是上一季刚开始的时候想到的。——保拉·阿卡苏（Bora Aksu）

调研是一个动态过程

调研是一种很好的训练，因为要时刻为灵感的启发保持注意力和关注度。养成收集的习惯，不论是有趣的图像还是自然艺术品，甚至是和你当前项目看起来无关的也要收集，因为这些以后很有可能会派上用场。大多数时候，当寻找灵感时，我们经常会无视我们不喜欢的事物。但是，既然有些事物已经让你产生了反应，即使是一个负面的反应，那它也应该值得被保存和进行进一步的观察。

服装设计师在两个交替季节（春夏、秋冬）的循环周期内做设计开发。每年九至十月和二至三月，来自纽约、伦敦、米兰和巴黎的设计工作室都会分别发布一个最新的设计系列。也有些设计师会发布两个系列，也就是说一年内总共发布4个系列。

在每一季的时间表里都有很多活动。这些活动包括，到国际面料展订购面料、设计、制作纸样、打样和制作整个系列的服装，在国际时装周发布作品，销售并生产设计作品。除开这些活动，每一季留给调研的时间其实并不充裕，而且还不能拖延，因为下一个开发季马上就要到来了。这就是为什么设计师需要不断保持与文化的接触，并将其升华为灵感的很重要的原因。

下图
春/夏和秋/冬高级
成衣的时装循环周期。

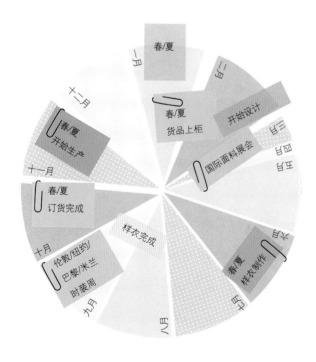

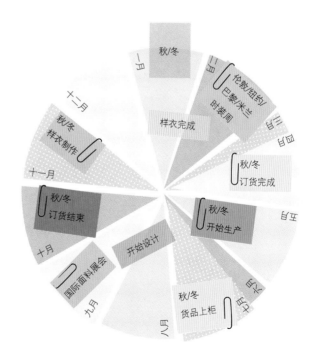

2.

大多数的设计项目都是从做设计概要开始的，即使是你自己假想的设计项目。本章将介绍几种在工作中遇到的不同种类的设计概要以及开始做调研的基本方法，比如头脑风暴法（集思广益）和蛛网图（思维导图）。服装设计调研主要是对于视觉上的研究，因此本章将介绍如何将文字转化为图像以及如何在速写本里有效地记录这些调研过程。

什么是设计概要?

下图
选自大学里的一个设计概要要求,旨在激发学生的灵感,开发创意思维和解决问题的能力。

在创意行业里任何设计项目都是从设计概要开始的。在大学课堂里,服装设计概要是对一个有时限要求的设计项目概述其宗旨和目标,时限可以是某个男装或女装系列或者品牌的某一个开发季。

每个设计项目的时限通常都不太一样。不论时限长短,都各有其优点和难点。只有1~5周时间较短的项目,能帮你提升决策和应用的能力,然而较强的时间管理能力对于有效的时间利用就显得尤为重要了。如果是时间超过5周的项目,就有足够充裕的时间来进行较为彻底的调研。这些设计项目通常会以白坯试样或者成衣的形式来展示其成果。对于时限较长的项目,良好的时间管理也是必须的,可以在调研和设计发展的各个阶段分配足够的时间,但是要想长时间一直保持对设计项目的兴趣和热情仍然是个挑战,尽管定期做下调研工作会稍微缓解一下。

学校的导师或是企业的客座专家,通常在设计会议一开始就把书面的设计概要分发给学生,除此以外,还要告知其他的重要信息,比如设计项目的宗旨和目标、时间表、项目参与人员以及其他一些细节信息。在设计概要会议上,大家有机会对设计概要里的任何需要弄清楚的内容提问。

设计概要是为激发与项目的互动而存在的。当你朝着最终的目标,逐渐完成调研和设计开发过程的每一个阶段时,它都提供了各种解决问题的机会,同时你也可以随时质疑你的审美和设计的整体性。如果你想要不断地设计出独特、新颖的作品,那么以上这些都是必不可少的。

几种设计概要的类型

作为一个设计学生，你会见到几种不同类型的设计概要。因其宗旨和目标各不相同，成果的评价标准也各异。对于有些设计项目，你的成果可以向其他团队成员展示，而有些需要保密的项目，你最好等到时限的最后一天再提交。这种多方面的经历能加强你的团队合作能力、品牌和市场意识、自我激励、时间管理、研究技能、沟通以及展示技能。作为一个设计学生，你会见到5种不同的设计概要，分别是独立型、团队型、合作型、资助型以及比赛型的设计概要。

对于不同类型的设计概要，你需要用不同的研究方法，比如，以市场为导向的研究，或者是新兴的概念和主题，或者是从你的研究中衍生出来的概念，或者通过创意启发思维（详见第三章）。如果没有特别的规定，你可以自行决定使用最合适的方法。

所有的设计概要都有共同的目的，那就是启发灵感并提供产生灵感的动力。但是设计概要不会让你随心所欲，必须遵循一些原则，不论是学术的还是企业的要求。

一个学术型设计概要的要求有：

（1）设计概要的宗旨；

（2）学习的成果；

（3）评估的要求，也就是在项目结束时需要完成和提交的具体内容要求；

（4）评估的标准以及评估用的细则。

设计概要的宗旨要和课程项目紧密联系起来。比如，"设计入门课"的宗旨有：

（1）介绍研究、开发和设计的过程；

（2）研究二维图像和对应的三维造型间的整体关系；

（3）介绍制板、生产和打样的基础知识；

（4）开发专业绘图和展示的技能。

学习的成果要符合宗旨以及规定的具体学习要求。比如，在完成设计概要的时候，你将学会：

（1）如何产生和启发灵感；

（2）如何阐述开发绘图和展示的方法，以及如何将其实施到灵感的形成中；

（3）如何描述服装结构的基本工艺。

右图

日本艺术家草间
弥生（Yayoi Kusama）
以其波点艺术著称，她
和路易·威登（Louis
Vuitton）合作开发了胶
囊系列服装和饰品。

右页图

上左图

这个男装系列是一
个独立型设计概要，这
种概要可以展示你自己
的审美风格。

上右图

本图是一个有资助
项目的设计概要的服装
工艺细节的前后视图。

中图

本图是一个有资助
项目的设计概要的设计
发展图。

下图

法国服装设计
师让·保罗·高提耶
（Jean Paul Gaultier）和
意大利顶级内衣品牌La
Perla合作开发的内衣。

1. 独立型设计概要

独立型设计概要通常由某个学术导师或者企业的客座专家设定，将会告知独立完成设计概要的各种好处。从一开始你就必须确保你理解了所有的要求，如果你还不确定，就要找导师弄清楚。良好的时间管理对于服装设计而言是一个基本技能，做独立性的设计概要会有助于提升这方面的个人能力。比如，你可能会发现，从长期来看，在调研上花的时间越多，研究就越深入，你的收获也会越大。你也可能发觉需要提高其他方面的技能，比如展示的技能。独立型的设计概要不仅能展示你个人的审美，同时也显示了你解决问题的能力。

2. 团队型设计概要

你和别人合作得怎么样？你希望是由你来主导设计，还是你喜欢被安排做事情？如果团队里有人在滥竽充数，你会怎么做？你们多久开一次会议来集思广益？你承担的任务是不是过重？组员被合理安排相等的工作量吗？由谁来协调每个人的工作？你如何管理自己的时间？由谁来发表工作演说？如果做团队型设计概要，以上问题都必须要考虑到。团队型设计概要可以让你体验一个模拟的服装设计团队，或者是更大规模的，例如在服装产业链中的各个方面诸如面料设计师、摄影师、公共关系、服装造型师等之间的互动。

团队中每个人的角色都由组员自行指定。团队型设计概要其实是很有挑战性的，为了能设计出成功的产品，每个人的精力都要合理利用和管理。参与团队的组员之间，可能相互认识，也可能不认识，不论是哪种情况，组员都必须融合到一起。如果一个团队领导得不好，或者有内部矛盾，都不可能创造出好的设计。

3. 合作型设计概要

合作型设计概要至少包含两个不同且相关的合作方。这样可以将来自同一个学科或不同学科的两名或更多的学生搭配到一起。服装行业里典型的合作就是一个设计师与其他品牌的设计师合作。

合作型设计概要的基础就是集思广益，能迸发出新的想法。如果是和竞争者或者竞争企业合作就更加有挑战了。当然回报也将是巨大的，而且对于老的问题会有新的解决思路。

4.资助型设计概要

一直以来，大学都热衷于与企业合作，以加强学生的实战经验，在某种程度上，学校聘用业内的自由职业者或者全职设计师来做客座专家也证明了这一点。

通常情况下，有企业资助项目的设计概要是由纺织厂或者服装企业来设定的，虽然有时候赞助方来自于一个完全不同领域的公司。赞助奖励的范围可以从一个工作实习机会到现金奖励等形式。学校的导师和资助企业的代表都会在设计汇报和项目提交的时候参与评审你的作品。

5.比赛型设计概要

比赛型设计概要常常会吸引很多的设计学生来参加。一般这种设计概要是由某家企业来设定，并在国内范围内发掘新兴的设计人才。工作实习、现金奖励和游学助学金都是常规的对获胜选手的奖励形式，同时，企业也能从比赛的宣传中受益。

设计灵感

下图
伊斯坦布尔蓝色
清真寺的室内装饰。

右页图
从上到下
20世纪初的老照片。
亚洲苗族小孩。
巴林岛第七届春天文化节的Jody Sperling表演。
印度奥里萨邦的Bonda部落的女性。
螺旋梯显示了平面图像的简单性和复杂性。

什么是设计灵感？这是在创意行业里出现频率最高的词汇，也是任何艺术创作的基本元素。灵感可以被定义为一种精神上的激励，能让你感知自然界里有创意的事物。在精神层面，灵感也可以被定义为神圣的灵魂感化。如果没有灵感，创意和创新都将不复存在。

作为设计师，我们需要灵感来实现我们的满腔热情，不仅仅是在项目的开始，而且是在设计过程的所有阶段都要源源不断地提供动力。

灵感是很神圣的，很难解释它从何而来。如果我是一个虔诚的教徒，我会说灵感来自于上天的恩赐。
—— 安·迪穆拉米斯特（Ann Demeulemeester）

我需要很多东西来启发灵感，比如：物体、图片、故事和布片以及任何能使我的思想自由旅行的东西。我需要不断地去发现新的事物、去新的地方、认识新的人。同时，我很确定我还需要那些已经过去了的、稳定的，已经属于别人的东西，或者是已经被遗忘了的东西。
—— Kenzo首席设计师安东尼奥·马拉斯（Antonio Marras）

《时尚》杂志里一些怀旧的内容很启发灵感，特别是它与当代的一些有名的设计师有很多不同的观点，还能在那里发现很多尚未得到充分使用的裁剪工艺和细节，把这些用于现代的服装设计是很令人振奋的。
—— Basso & Brooke品牌设计师克里斯·布鲁克（Chris Brooke）

面料是我设计的起点。我很了解颜色、印
花和绣花，它们之间越冲突，我就越喜
欢。面料给了我最初的灵感，在大多数
情况下，面料代表了我作品的精髓。
——德赖斯·范·诺顿（Dries Van Noten）

我一直有一个想法，认为每一个系列都
是一个故事，所以我总是思考这些。
——彼得·詹森（Peter Jensen）

我喜欢读传记，我也喜欢现实的生活。我常
常觉得现实生活比我的想象力更奇异。现
实生活也比任何你能想到的有趣多了。
—— 现任巴宝莉的创意总监
克里斯托弗·贝利（Christopher Bailey）

我认为教育传授给我们的是文化，这也
是我们立足的根本和我灵感的来源。这
个灵感是随着我们的背景而演变的。
—— 马丁·马吉拉（Martin Margiela）

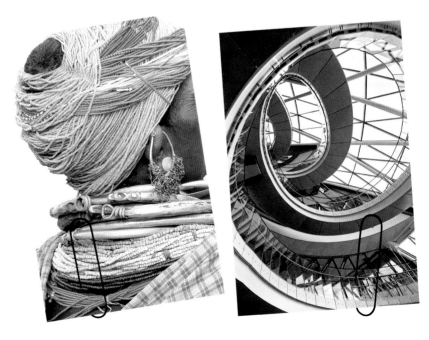

怎样开始做设计调研？

人脑的思维过程很少是以一个线性的方式运作，主要观点可以来自于周围的观点，周围的每一个观点也可以来自于它自己周围其他的观点，依此类推。

在完成了设计概要以后，很自然地会感觉到兴奋，或是焦虑，亦或是两者的混合。在做设计概要时，你可能很幸运地发现有一些灵感划过脑海；而在其他时候，你可能会很困惑，不知道研究什么以及如何进行这些研究。不论是哪种情况，找到合适的方法就能让你更好地利用时间。笔记法、头脑风暴法和蜘蛛图对于打开思路而言都是切实可行的而且很有效的方法。你所需要做的只是准备好一张纸和一支笔。

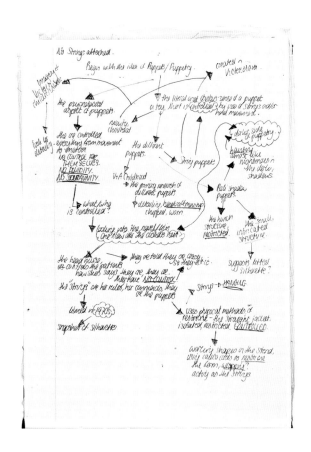

1. 笔记法

设计概要和讲座都为笔记法提供了极佳的环境，就好比打样间里缝纫技术员和板师做的工艺描述记录。你并不是一定要在一个单独的笔记本上做笔记，在导师的讲义上做笔记，能保证你可能更多次的重复阅读你写的东西。如果你选择使用笔记本，那么就选一个小巧一点的。记笔记的习惯有以下诸多好处：

（1）能帮你扩大注意力的范围；

（2）能保存你所见所闻的信息；

（3）在做设计概要上做笔记能帮你构思出后续需要解决的问题；

（4）用你自己的话来复述，有助于对设计项目的理解；

（5）标出重点字句能确保你对重点的关注。

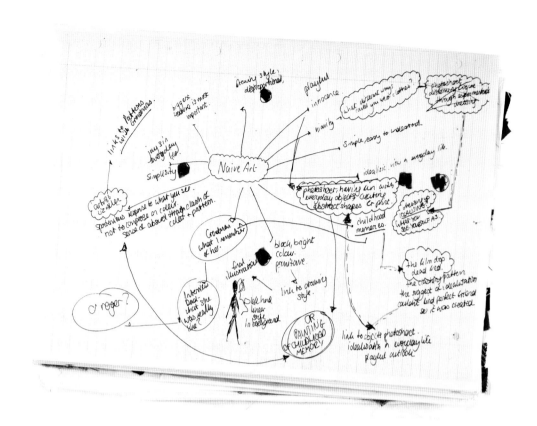

蜘蛛图对于研究
中各种可能性的探究
都是基于"天真的艺
术"。

2.头脑风暴法

头脑风暴是一种有效的解决问题的工具，适用于个人或小组，它可以为设计概要里需要解决的问题找到创造性的解决方案或思路。强烈推荐在设计概要完成后立即安排足够长的时间来做头脑风暴。

通常情况下，一个小组做头脑风暴需要所有参与者都把自己的想法讲出来，然后由一个人在一张大纸上记录下来。小组成员多样化的经历背景，可以提供很多不同的想法。鼓励所有组员都参与进来，如果每个人都感觉到他们自己的想法创造了价值，那么积极的创意环境就形成了。一开始可能会不着边际，但是有时候，看似奇怪的想法、非常规的思路，却是可行的，能创造性地解决问题。

如果你自己一个人做头脑风暴，那么在一张大纸上记录下自己的想法。然后你可以用蜘蛛图来最大限度地利用这些初步的想法。

3.蜘蛛图

蜘蛛图（或称为思维导图），是把一个主要的观点写在纸的中间，就像是蜘蛛的腹部，而由这个主想法延伸出来的新观点写在主想法的周围，就好像是蜘蛛的腿。然后这些新观点又可以以自己作为主观点来产生更新的观点，组成小的蜘蛛图，依此类推。

蜘蛛图比较容易形成一些想法和产生非常有效的结果。不同于线性思维做笔记的方式，蜘蛛图是按大脑工作的模式，从一个中心思想开始，然后发散开来，产生无数的不同的可能性。蜘蛛图也能让你探索词语之间的关系，开阔你的调研范围，增加你调查的深度。

4. 其他的方法

当开始做设计概要时，有时候最好的方法是从现实中逃离出来，暂时放下你手里的工作，把注意力转移到别处去，比如去散会儿步，参观展览，或是逛逛古玩市场，都会让你的大脑放松一下，这或许才是你的起跑点。你需要像一个海绵一样，把所有你遇到的都吸收进来。在头脑里定一个宽松的时间表来做这些放松型的活动，然后再回到你的设计项目中，使你能以全新的活力投入到研究中。

ACTIVITY ACTIVITY ACTIVITY / ACTIVITY ACTIVITY ACTIVITY / ACTIVITY ACTIVITY ACTIVITY

练习：

从以下词汇中选择一个：安全、灰色、日蚀、结构、制服、红色、自然、危险、万花筒、收缩、马戏团、维多利亚。

第一步：创造一个以这个词为中心的蜘蛛图，思考其内涵、象征性、代表性和联想；

第二步：找到相关的图像；

第三步：创造一个以图像为中心的蜘蛛图以代表文字版本的蜘蛛图。

如何展开你的调研

蜘蛛图和头脑风暴发产生的灵感是在纸上以文字的方式来呈现的。然而，在服装设计调研中，不能只有文字的形式，还需要使用图像和物件。第一手资料调研（比如直接拍摄或者手绘）和第二手资料调研（比如从书籍、杂志和期刊里获取图像）都将帮助你从不同的角度来开展研究。试着释放想象力，这将产生最为丰富的各种可能性。

每个人展开自己研究的方式都不尽相同。然而，在学校有机会学习不同的方法，还可以延伸并使你的方法更加多样化。其他学生在做设计成果展示报告的时候，还可以观察他们所使用的方法。也可以尝试着把受到的启发运用到下一个设计项目中。

为设计项目选定一个主题，对我来说是最困难的部分。首先我将创建一个思维图，研究一下这个主题可能涉及到的不同的领域。这个主题需要是我感兴趣的，而且能感觉到有动力。一旦我选择了某个主题，我会去图书馆找资料或者通过网络建立一个资料库，我也会参观一些展览和商店来收集研究资料。
——赫菲拉·威廉姆斯（Hefina Williams）

我的研究是从大量的阅读开始的。然后我会将我在杂志、书籍和艺术展收集到的材料转化为图像，这会有助于准确的描述我的主要灵感。
——丹雅·斯加达利（Danya Sjadzali）

我通常会只看我真正喜欢的。通常会从一幅图开始，然后我会找一系列其他的图连同第一张来构建某种概念。
—— 艾普鲁·施密兹（April Schmitz）

我倾向于通过看历史书和观察其他人来做研究。我很喜欢长时间呆在伦敦市中心的某个地方，观察来来往往各自忙碌的人们。
—— 爱丽丝·阿佛灵顿（Alice Overington）

左图
无论你是在喝拿铁、意大利浓缩咖啡、卡布奇诺或是绿茶，既享受了咖啡时光，又能观察从身边经过的人群。

右图
让你的周围充满你感兴趣的艺术作品，比如置身于博物馆或画廊，能帮助你有效地分散注意力。

如何记录设计过程——速写本

图中速写本的这一页中，把织物小样、面料样品、彩色照片和最初的设计理念这些不同的元素组合到了一起，整合的效果是显而易见的。

记录和整理所有研究成果的最佳方法是什么？在创意领域，速写本是被大多数设计师选用的最佳工具。它为设计过程从最初的想法到最终的结果，提供了记录和发展的空间。此外，任何暂时不是用来解决设计概要问题的灵感和想法，都可以保存下来，可能在今后的设计中派上用场。

速写本中应包含第一手和第二手调研资料、批注、颜色系列开发、面料系列开发、最初的设计理念和设计拓展（如果你不用速写本，详见第八章）之间的三角剖分。对三角剖分最恰如其分的描述是：通过各研究资源间的关系，来表达最初的设计理念。当最初的设计理念连同相关因素达到一个整体效果时，一个好的三角剖分就产生了，也就是说整体达到的效果要大于各部分效果的总和。

你可以在速写本里把第一手和第二手调研的资料整合起来。二手资料会使研究失去个性，显得很平淡，而且是一维的。因此在速写本上把第二手和第一手的图像联系起来，把不相关的和相关的一个接一个地定位好，就是一种很好的训练。这种视觉的交叉，将启发更多的联系，因而产生新的设计灵感。

速写本有很多不同的形状和开本，所以一定要确保选择一个适合自己的，选择合适的速写本的技巧详见第五章。

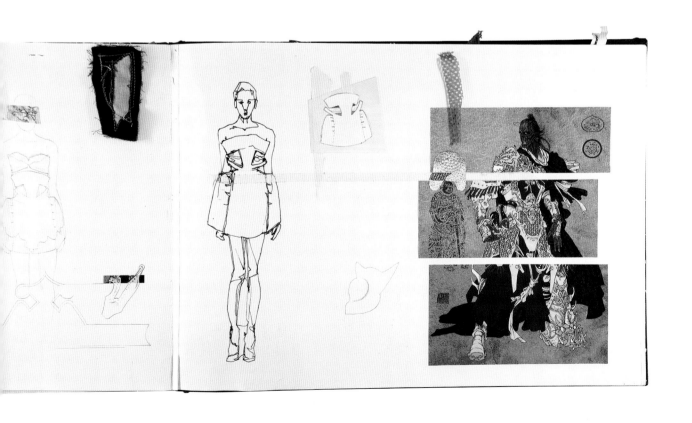

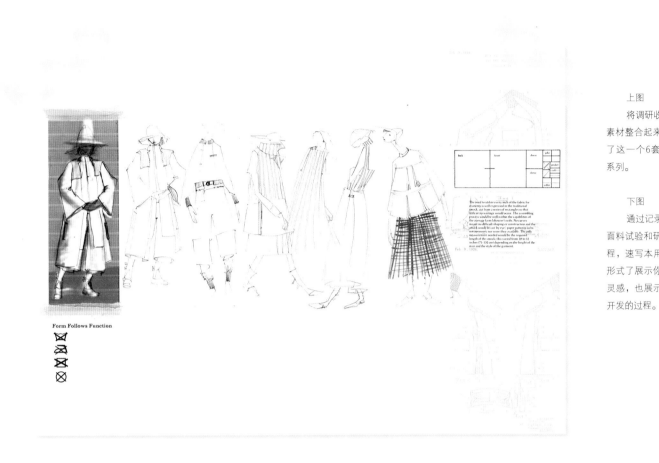

Form Follows Function

将调研收集到的
素材整合起来就形成
了这一个6套款式的
系列。

下图

通过记录一系列
面料试验和研究的过程，速写本用二维的
形式了展示你的设计
灵感，也展示了设计
开发的过程。

上图

Piping

Padded variation

The wadding could be attached
using design of top stitch like
the directional line in this
Junya Watanabe for comme des garçons

上图

第一手调研资料
（以笔记和面料小样的
形式）和第二手调研资
料（图像形式）合起来
启发了这个男装茄克的
设计。

下图

第二手资料调研
收集到的图片作为手工
绘图的背景。

右页图
上图

这三幅二手调研
收集的图片促进了最初
设计理念的形成。款式
图里展示了超大的轮
廓、层叠的服装以及羊
毛帽和棒球帽。这些最
初的想法将在下一阶段
的调研和设计中得到发
展和进一步提炼。

下图

速写本里的这一
页是一个概念板，它讲
述了一个故事，成功地
解释了这个设计概念、
颜色搭配以及面料的使
用。无数的想法在这
一页中组成了这个概
念板。

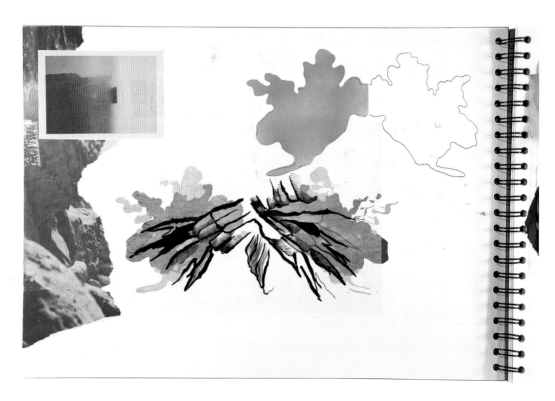

如何使用一个新的速写本

上图
开始一个新的项目往往需要开始做一个新的速写本。在一个空白的速写本里，第一页永远是特别艰巨的。如果它太具有挑战性了，那就尝试翻过这一页。

中图
这里所采用的方法就是在单独的纸上做调研素材，后期再按设计意图把这些单张编订成册。

下图
将不同的元素，比如面料样品、在人模上做三维试身样、二手调研收集的图片、批注以及最初的设计理念，都展示在这个展开的双页上，展示了优秀的研究成果。如果调研和试验的素材横跨好几页，说明整个设计过程都被记录下来了。

开始使用一本新的速写本时是既兴奋又很有压力的，但如果使用一些技巧就能有效缓解这种焦虑。比如跳过第一页，而是直接在独立的纸张上做，以后再把这些独立的纸张编订成册。没有硬性的规则，只是不要过于完美主义就好。速写本只是记录灵感想法的地方，并不是已经完成了的作品。

随着你素材的收集，不同层次的创造，批注以及试验与探索，你的速写本将会变得更具吸引力，不管是对你还是对潜在的观者而言。它就像一本日记，反映了你自己的人生经历。这些都是能使速写本更独特的方法，和你的设计项目的关联度也非常高。除此以外，还有一些能帮你在速写本里实现三角剖分的策略，比如比对和并置的方法。

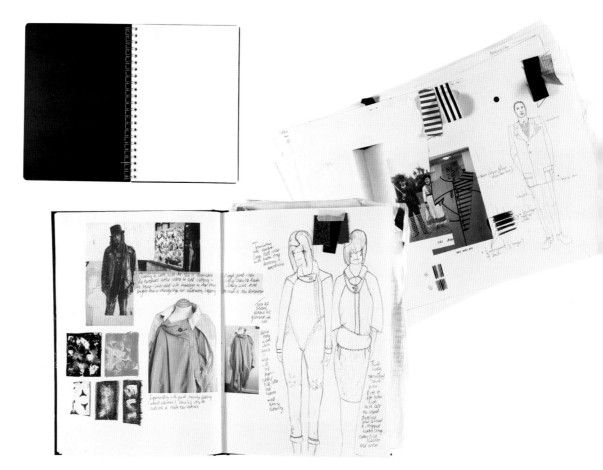

比对法

对于某个特定的调研对象，其不同的来源通常会有不同的视角，如果只有一个来源，势必会使研究单一化。因此对不同来源的素材进行比对，这个实践训练不论是对于验证还是丰富你的想法都是非常必要的。这个方法同时适用于文字信息或者图像相关的调研。素材的多个来源因为能提供多个层面的信息，所以将有助于加强你对设计项目的理解，增加研究的可行性，并提供更多的细节信息。例如，你可能对维多利亚时期的哥特式建筑感兴趣，那么可以展开对这个课题的研究，但仅仅依靠一个图像是不够的，要广泛地选取图片，不管是类似的还是不同的，都会包含很多信息量。

关于无家可归者的图片，可以从各种书籍中找到源自不同摄影师的作品，他们有着不同的视角和审美。来源越多，你对主题的理解就越深入、全面。

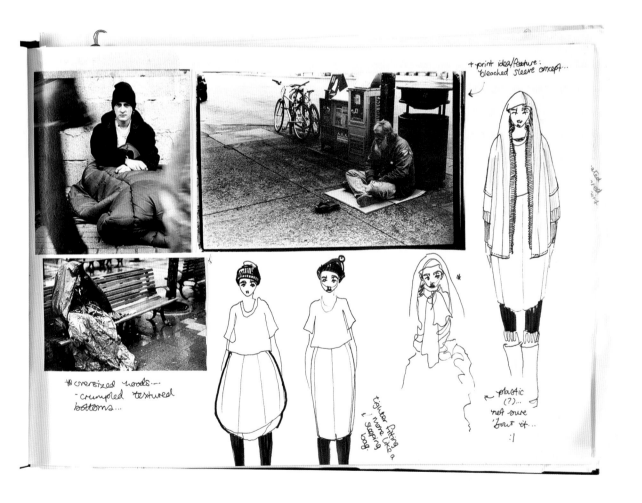

并置法

把19世纪的一件马甲、一个正负空间的平面图像以及一个木制雕塑和一块波纹管图像并置在一起，通过对马甲设计元素的研究，设计灵感便产生了。

在你的研究里尽情地释放潜能是你的第一要务。往往有这样一种倾向，就是你的研究内容都是分散的。如果你操之过急，过早地把调研收集的图片粘贴到速写本上，就可能造成这种倾向，因此就要设立不同的章节来把他们归类。

可以灵活一点，从简单地收集各种图像开始，不要立马就粘贴到你的速写本上，浏览一遍你所收集的图片资料，在进行多次比对以后，再把它们贴在一起。图像之间的反差越大，并置的效果就越好。另外，每当贴上某个图片的时候，预留出足够的空间给其他并置的图片以及最初的设计灵感。这种方法会把不同的图像联系起来，并拓展你的设计可能性。

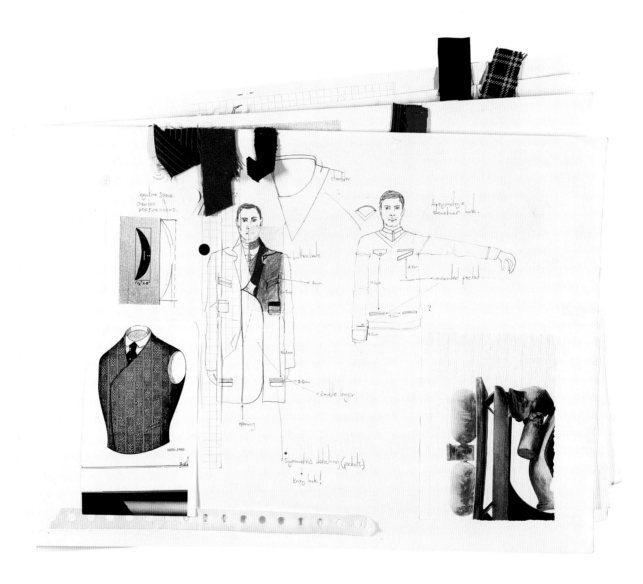

上图

　　不同的领域间可以交叉参考，研究对称这个抽象的概念、水中的倒影和蝴蝶翅膀的复杂设计以及污点油漆，从而产生了艾里斯·范·荷本（Iris Van Herpen）2010春夏"镜像主题"的服装系列。

下图

　　二手调研收集的图片展示在这个对页页面上的效果也不错。对织物的建议以及受图中廓形影响的初步设计想法都展示在内。这些内容之间产生了关联性，三角剖分的效果因此显而易见。

剪贴本

杂志是收集图片最方便的来源。建议参考不同的杂志来获取灵感，因为不同的出版物都有自己独特的编辑风格。即使是过期的杂志也是一个很宝贵的资源，而且很容易在图书馆找到。

剪贴本主要是将二手调研来源的资料贴到一起，比如从杂志上撕下来的图片、剪报以及照片。和速写本不一样，剪贴本里最好不要放任何第一手调研的资料，不需要把设计成果表现在里面。

剪贴本只是提供了一个有用的场所——用来保存一些你觉得有趣的东西，以备将来之用——素材库，主要是其他人创作的内容。这个本子可以不断积累素材，变得越来越丰富。

1980s NEW ROMANTIC

PRINCE

THE EARLY EIGHTIES WAS THE ERA OF THE NEW ROMANTICS, INSPIRED BY THE FLAMBOYANT PERIOD COSTUME AND VIVIENNE WESTWOOD'S 'PIRATE' COLLECTION. THE STYLE OF DRESS WAS SWASHBUCKLING WITH GILT BUTTONS, GOLD TRIMMINGS AND FLOUNCED SLEEVES. PIRATE ESQUE BOOTS WERE WORN WITH TROUSERS TUCKED IN AND OFTEN A SASH WAS WORN AROUND THE WAIST SIMILAR TO PIRATE COSTUME.

MICHAEL JACKSON'S THRILLER VIDEO HUGELY INFLUENCED MENSWEAR. OVERSIZED, SLOUCH SHOULDERED LEATHER JACKETS WITH MILITARY OR HISTORICAL ACCENTS WERE WORN BY TEENAGERS AND POPSTARS. THE COMBINATION OF RED AND BLACK, SIMILARLY TO THE THRILLER VIDEO ALSO BECAME POPULAR. JOHN PAUL GAULTIER COMBINED RED AND BLACK FOR THE FILMS SET AND COSTUME DESIGN. TROUSERS TUCKED INTO HEELED BOOTS, AS WORN BY SPICA WERE INFLUENCED BY THE PIRATE LOOK ESTABLISHED BY VIVIENNE WESTWOOD.

JOHN TAYLOR OF DURAN DURAN AND THE POWER STATION WITH SUPERMODEL RENEE SIMONSEN

MONEY LUXURY

Red

THE CINEMATOGRAPHY IS VERY CLEVER BECAUSE, DESPITE THE CHARACTERS APPEARING TO BE WEARING THE SAME OR SIMILAR COSTUMES — THEY CHANGE COLOUR AND COINSIDE WITH THE COLOUR OF THE SET — THEREFORE EACH 'ROOM' OF THE RESTAURANT HAS A CERTAIN 'MOOD', DUE TO THE CONTINUITY

THE RICH, TRADITIONAL COLOURSCHEME OF THE DINING AREA IS ENHANCED BY THE PERIOD INFLUENCES AND OSTENTACIOUS INTERIOR DECOR, FOR EXAMPLE THE FLOOR LENGTH CURTAINS, DRAPES AND TASSELS.

上图
　　剪贴本里一般很少有第一手调研的资料。本子里层叠着贴了几张二手调研的图片，文字虽是手写的，但也是摘抄自书籍或者杂志。

下图
　　剪贴本里的二手调研的图片都不会太引人入胜。

51

案例分析

右页图
Bradley Soileau穿着Dominic Louis jeans品牌的2012秋冬系列。
这4张图均出自Dominic Louis jeans品牌2013春夏系列。

路易斯·麦隆（Louis Mairone）在美国费城地区长大，他在那里的高中学习了服装设计。既然他决定了投身这一行，搬到纽约就成为了必然。接着他进入纽约时装技术学院学习，取得了男装的副学士学位，毕业后入职DDCLAB设计室成为助理设计师，时隔不久，麦隆在2010年就创立了自己的品牌多米尼克·路易斯（Dominic Louis）。

麦隆的设计深受他所钟爱的城市纽约的影响，那里的景观、那里的人们和每天发生的事情吸引着他。他深受周围中性风气亚文化的影响，致使他的作品也形成了性别界限模糊的中性风格。"我深深地受到每时每刻发生在我生活中的各种事情的启发，不论是来自和一个艺术家的会面，还是来自于新闻，或来自任何一个完美的时刻……我想我现在的现实状况真的影响着我艺术思想的走向。作为艺术家，我们都下意识地将所有这些都融入到我们的作品中，我也是全身心地季复一季地将这些都融入到我的作品里。我想回顾一下过去的这10年，我能清楚地讲述Dominic Louis的点滴故事。"

麦隆将灵感描述为"我们最初的品牌形象的延伸，以及在过去的那一季里我们的成长和所学到的。我们要真正过好生命中的每一个时刻。我的灵感是对生活的反映，什么事情能帮助推进设计，我就朝那个方向前进。在这个过程中，我们一直在倾听我们的客户、支持者和赞助者的声音。灵感就是在那一刻所有这些对话发生碰撞时你所能感觉到的新东西，和一些你从未感受过的东西。"

不同系列概念的开发，都始于一个想法，然后转换成一个概念板。大部分时间，灵感都是零散的，概念板可以把这些想法凝聚在一起。在几周的时间里，我们会在概念板上增减一些内容。当我们尝试去开发新的款式时，那些在概念板上的作品就是开发的基础。我们的客户正在不断地根据他们对概念板的看法来要求我们做一些修正，因为在概念板面前，他们是很有影响力的。"

Dominic Louis品牌结合了未来时尚美学和精湛的手工技术并且关注细节。面料一般都很奢华，具有异国情调。以前的设计系列选用的是开司米羊毛、狐狸毛、羊绒、真丝和鳄鱼皮等面料。麦隆将男装阳刚的线条、廓形和剪裁引入到女装中。他的系列中通常会呈现出浩劫之后、实用主义和前卫的基调。麦隆说："我们的作品是原始的，就像是世界末日，设计大师代代相传的精湛技艺都被吸收进来，并进行修正以满足都市普通流浪者的需求。"

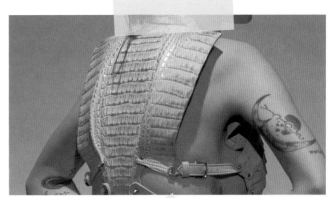

3.

第三章 市场调研

Market Research

从事市场调研工作有助于对不同层次的服装市场的了解和理解。最重要的是你能站在消费者的角度，让设计更贴近他们的需要。本章探讨了服装市场，并通过使用灵感缪斯，或者通过观察品牌标识、广告和流行趋势预测来洞悉顾客。

研究市场

要了解不同层次的服装市场，需要近距离的观察。不管你是置身于一个购物中心、商业街或是百货商店，要能注意到他们的不同点。"你是为哪个市场做的设计？"，这个问题非常重要，会经常在项目的各个阶段出现。事实上，这个问题的答案应该在任何项目开始的时候就知晓了。你需要近距离地看一看市场，并找到你感兴趣的区域。或许你会发现你被牛仔装、运动装、晚装或者概念服装设计所吸引，也可能只是被设计师品牌所吸引，亦或者是对高街品牌更感兴趣。

正如设计师有不同的类型，服装市场也有不同的层次。在这个一直不断扩张的市场里，你的位置在哪里呢？你是为哪个层次的服装市场做设计呢？这很大程度上影响了以下的考虑因素，比如：你能采购多少钱一米或一英尺的面料？在服装成本增加不大的情况下，一件服装能做多少个接缝？服装号型有多少个为宜？在你的设计系列里需要多少件服装？等等。

在更宽的领域近距离地观察市场也能让你了解竞争对手、他们的市场份额、市场规模、消费者以及新兴的趋势，而收集、分析、回顾和解读这些数据（在第一手和二手资料调研所收集的数据）能加深这些认识。在市场调研里，第一手资料调研通常要用以下方法收集原始数据：

（1）访谈法；

（2）问卷法；

（3）小组访谈法；

（4）调查法。

二手资料调研一般收集现成的数据，来源通常有：

（1）书籍；

（2）行业刊物；

（3）网络；

（4）杂志。

收集整理好的第一手和二手调研数据将被归类到定量研究或者定性研究的范畴。定量研究，顾名思义，是对数量的分析，例如，对一个大样本受访者进行调查的结果是量化的数据。定量研究一般提供有关消费者和市场份额的信息。

定性研究是关于性质的研究，数据用来解释关于市场的"如何"和"为什么"的问题。在方法和收集数据的类型上，定性研究更加合适，在洞察消费者对于各种问题的想法和感受方面也更加有效。比如，面对面的访谈可以获得定性的数据资料。

从本质上讲，服装可以分为两个特征明显的大类，用法语讲就是Haute Couture（高级时装）和prêt-à-porter（成衣）。高级时装翻译成英语叫High Fashion，意为最时尚和最具影响力的时装设计；而成衣翻译成英语是Ready to wear。高级时装是一个小众市场，而大众消费者购买和穿着的是成衣。对不同市场进行细分能帮助我们区别这些不同层次的市场。

高级时装

高级时装是极其奢侈和昂贵的品类，因为衣服是为顾客量身定制的，面料考究，手工缝制，工艺精湛，耗时较长，通常需要耐心等待好几个月的精心制作。从刺绣工到织造工，高级时装业里有着一批技艺精湛的手工艺者。

"Haute couture"这个高级时装的标签（受法国法律的保护）只授予给符合法国高级定制时装协会严格要求的少数时装品牌。要获此殊荣，该品牌必须满足以下条件：

（1）每个订单要提供多个试身样，且每个订单只为一个专属的客户定制；

（2）在巴黎设有不少于15位全职雇员的设计工作室；

（3）工作室需雇佣20位技师；

（4）在巴黎高级时装秀场每年要发布两次新品。

比起20世纪40年代和50年代高级时装的全盛期，虽然现在的高级时装品牌的数量要少一些，但是能享受此类奢华的客户也更少了。

高级时装发布会每年举办两次，分别是在1月和7月，并提前于成衣时装周。他们投入重金做品牌广告，宣扬奢华的生活方式。他们也代表了这种无限的创造力的顶峰。

成衣

不是用来满足高级时装这个层次的需要，也不是为个别的个体定制，而是大众穿的则为成衣。成衣是工业化的大生产，因此比高级时装便宜，它包括一系列标准化的尺码、更实惠的面料品种并大幅度地减少手工制作的工艺。

成衣的范围很广，涵盖了很多不同的产品，从非常独特的超级品牌到物美价廉的超市品牌都是成衣的范畴。设计师成衣品牌在时尚之都纽约、伦敦、米兰和巴黎每年至少举办两次时装发布会。除此以外，一些新兴的时尚之都也悄然升起，以展现本国的成衣设计水平，比如斯德哥尔摩、柏林、里约热内卢、阿姆斯特丹、班加罗尔和马德里。

尽管设计师品牌的成衣比高级时装更普遍，但是它的质量和做工也很不错，同样也很有创新意识和独特的风格，而且价格也不算便宜。比如设计师同名品牌：艾尔丹姆（Erdem）、安娜·瓦莱丽·哈绪（Anne Valérie Hash）、艾特罗（Etro）、安娜·苏（Anna Sui）、安东尼奥·贝拉尔迪（Antonio Berardi）以及超级品牌：路易·威登（Louis Vuitton）、酩悦·轩尼诗（Moët Hennessey）、古驰（Gucci）都有成衣系列。

中低端成衣市场（高街品牌和超市）受到设计师品牌设计的影响，继而开发了这些设计的低价版本。高街品牌，如Topshop、H&M、Mongo和Whistles都是以流行趋势为导向的品牌，快速设计和生产，并

在几周以内将货品上柜。超级市场的产品会慢得多，为的是能涵盖当前所有的流行趋势。

下图
路易·威登（Louis Vuitton）2012秋冬男装高级成衣系列。

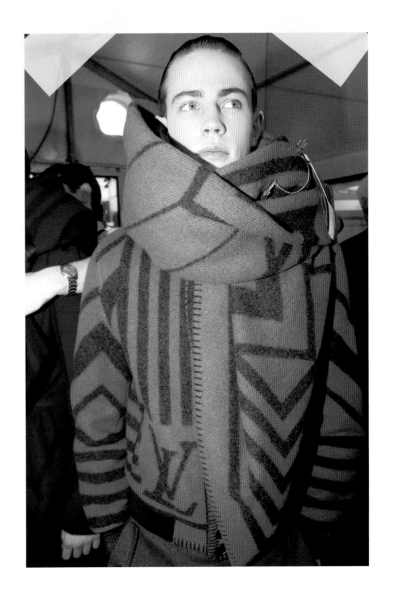

1. 奢华的超级品牌

LVMH集团和Gucci集团都是成衣品牌的时尚集团，并定位于奢侈级别的超级品牌。LVMH集团旗下的品牌有路易·威登（Louis Vuitton）、罗意威（Loewe）、思琳（Celine）、纪梵希（Givenchy）、马克·雅可布（Marc Jacobs）、芬迪（Fendi）、唐纳·卡兰（Donna Karan）、艾米利奥·璞琪（Emilio Pucci）、泰格·豪雅（TAG Heuer）、戴·比尔斯（De Beers）等。Gucci集团拥有亚历山大·麦昆（Alexander McQueen）、伊夫·圣·洛朗（Yves Saint Laurent）、斯特拉·麦卡特尼（Stella McCartney）、葆蝶家（Bottega Veneta）、巴黎世家（Balenciaga）、古驰（Gucci）和宝诗龙（Boucheron）等品牌。奢侈品牌通过在广告上的巨资投入来宣传一种奢华的生活方式。

2. 中档品牌和设计师品牌

中档品牌和设计师品牌规模较小，因此实力上不如超级品牌。然而，他们在各自的国家都是家喻户晓的品牌，且有些已经具有国际水准。设计师在各类时装周上发布新品，供买家挑选。中档品牌和设计师品牌的产品都是通过百货公司、独立的精品店或者特许经销商来销售的，如果他们有自己的店铺，也可以自行销售。

设计师品牌和高街品牌的合资品牌在市场上很受欢迎。知名设计师贾斯珀·康兰（Jasper Conran）和朱利安·麦克唐纳德（Julien Macdonald）分别为英国老牌百货公司Debenhams开发了品牌J和品牌Star by Julien Macdonald。H&M先后与众多著名设计师合作过，如梅森·马丁·马吉拉（Maison Martin Margiela）、卡尔·拉格菲尔德（Karl Lagerfeld）、斯特拉·麦卡特尼（Stella McCartney）、川久保玲（Comme des Garçons）、维果罗夫（Viktor & Rolf）、罗伯特·卡沃利（Roberto Cavalli）、玛丽马克（Marimekko）、玛尼（Marni）、马修·威廉姆森（Matthew Williamson）和索尼亚·里基尔（Sonia Rykiel）。这些合作让设计师能有很好的媒体曝光度，同时与其合作的品牌也得到了宣传，使得中低端消费者能享受到顶级设计师们的设计作品。

3. 独立设计师品牌

相比中档的设计师品牌而言，独立设计师品牌的规模更小，这些设计师一般都拥有自主品牌，且与团队合作来做设计开发。团队一般会包含自由职业打板师和缝纫技工。独立设计师通常身兼数职，除了要管理现金流、销售、媒体公关方面的工作，还要做设计开发。

参加贸易展会是独立设计师们一贯的选择，有些设计师可能会获得赞助在时装周上发布作品，他们可以在贸易展会上把产品批发给零售商，而这些产品则会在精品店和百货公司以零售的方式来销售给消费者。

4. 休闲服和运动服品牌

耐克（Nike）和李维斯（Levi Strauss）是全球知名的运动装和休闲装品牌。他们非常有影响力，通过极佳的广告宣传来保持在公众中的品牌知名度。这两个品牌的普及程度就是他们成功的最佳证明，因为这两个品牌充斥在你生活的周围。

也有一些中档品牌和设计师涉足休闲服和运动服领域，比如福神（Evisu）、迪赛（Diesel）、雨果博斯（Hugo Boss）、G-Star、Stone Island、阿玛尼AJ（Armani Jeans）、杜嘉班纳（Dolce&Gabbana）和Replay等。

5. 高街品牌

高街服装品牌一般是以连锁店的形式，其店铺遍布全国很多城市，甚至是全世界。比如H&M、Topshop和Zara都是在全球范围内运营。为满足消费者的需求，高街品牌会在每一季开发很多不同的服装系列，比如套装、牛仔、泳装和服饰配件等。这些服装系列都直接受到高级成衣时装周流行趋势的影响。

对于高街品牌，从制作主题板到产品上柜的交货期只需要几周时间，而设计师品牌则需要几个月。因为生产数量大，高街品牌的加工基本上都是由工厂来完成。

面料品质、裁剪工艺和对于细节的关注通常不是高街品牌所关心的，相反，快速响应潮流的能力、配以合理的价位和扩大消费群体才是其看重的。

6. 超级市场

对于经济条件仅限于购买食品和家庭用品的消费群体，超市档次的服装是很有市场的，因为一方面消费者的购买能力有限，而且超市的服装在设计上也有了提升。因为生产数量很大，所以价格很低。在英国，George at Asda、TU by Sainsbury's和Florence & Fred by Tesco等品牌都是超市的自有品牌，并在其市场里具有重要的地位。George at Asda在英国开了约500家店。阿斯达（Asda）是美国超市巨头沃尔玛（Walmart）的全资子公司，Walmart在美国的店里也销售时尚的服装产品（含George品牌）。在法国，超市巨头家乐福（Carrefour）也销售类似价位的产品。

竞争

服装市场上的竞争很激烈，所有的零售商都在抢夺消费者，有时甚至是争取相同的消费者。识别和分析市场竞争对于有效的市场调研是很有价值的。为了评估竞争，需要考虑以下4个因素：

（1）品牌或者产品在市场中的定位；

（2）产品或品牌的种类和目的；

（3）消费者心理；

（4）购物环境的多样化。

这些因素间的相互作用产生了市场竞争，有些因素是固定的，而有些是可变的。分析竞争对手的优势和劣势有助于评估竞争，比如，竞争对手的业绩和运营，他们的资源、市场份额、企业规模以及所提供的服务。行业与产业发布的数据提供了这些信息。

图中广告牌上登的是大卫·贝克汉姆（David Beckham）身穿H&M品牌的内裤。名人效应和企业合作都是有助于市场竞争的广告工具。

灵感缪斯

里卡多·堤西（Riccardo Tisci）在纪梵希（Givenchy）品牌和众多灵感缪斯合作过。科特妮·洛芙（Courtney Love）说她被挑选为灵感缪斯时非常兴奋，"他只是希望我就展示真实的自我"。

右图

马克·雅各布（Marc Jacobs）曾经这样描述他的灵感缪斯——演员兼导演索菲亚·科波拉（Sofia Coppola），"她年轻、甜美、天真、漂亮，她是我能想象得到的所有这种女孩的缩影。"

在设计师动笔勾画设计灵感的时候，脑子里一直会假想这样一个人，这个人是将来会穿他设计的这件衣服的人，即便在开始的时候，有可能是他们自己。假想的这个人就是灵感缪斯，她可以是一个个体，也可以代表某一个消费者群体。那这个人是谁呢？这个问题提供了一个起点，当你的调研和开发技能慢慢变得成熟时，对于这个问题的答案就会变得更加具体。

对于灵感缪斯的定义，可以是女神，或者是能量，能使诗人、艺术家、思想家或者任何在创意产业工作的人产生灵感。灵感缪斯的概念似乎显得有点过时，但是历史上和当代的某些人确实能启发设计师的创作。

其实灵感缪斯可以是男性，也可以是女性，比如，意大利时尚评论家安娜·皮亚姬（Anna Piaggi）、英国名模阿格妮丝·迪恩（Agyness Deyn）、美国前总统肯尼迪的夫人杰奎琳·肯尼迪（Jackie Onassis）、英国著名摇滚音乐家大卫·鲍伊（David Bowie）、美国影星西耶娜·米勒（Sienna Miller）、美籍黑人模特葛蕾丝·琼斯（Grace Jones）、美国影星詹姆斯·迪恩（James Dean）、美国影星凯瑟琳·赫本（Katharine Hepburn）、美国影星查理兹·塞隆（Charlize Theron）、法国影星凯瑟琳·德纳芙（Catherine Deneuve）、凯特王妃（the Duchess of Cambridge）和美国影星玛琳·黛德丽（Marlene Dietrich）等。他们的共同点是他们具有强烈的时尚意识以及打造某种生活方式的能力。这一切给设计师的灵感提供了一个参照标准。灵感缪斯可以是真实的，也可以是虚构

的。通常情况下，一个假象的灵感缪斯是一些真实人物的特征的集合体，具有和真实个体一样的效用。

然而，灵感缪斯的作用不一定是被动的。在设计过程中，有时灵感缪斯和设计师之间是互动的关系。时装编辑伊莎贝拉·布罗（Isabella Blow）是亚历山大·麦昆（Alexander McQueen）的朋友，同时也是他的灵感缪斯和导师。阿曼达·哈莱克（Amanda Harlech）曾经做过一次约翰·加利亚诺（John Galliano）的灵感缪斯，她现在是卡尔·拉格菲尔德（Karl Lagerfeld）的灵感缪斯和创意助理，他为品牌香奈儿（Chanel）、芬迪（Fendi）、卡尔·拉格菲尔德（Karl Lagerfeld）提供另一种视角，也会出现在宣传材料上。灵感缪斯能为设计师产生大量的公关效应，帮助其提升并建立品牌形象。

我并不是在每一季刚开始就考虑灵感缪斯是谁，而是在设计过程中的某个时刻会考虑一些问题。比如，这是为现实中的哪个人设计的？有没有什么人会穿这样的衣服？我觉得这个过程能让我相信设计是合理的。我想知道的是有没有这样一些人，就是不论我设计什么样的衣服都很想穿。

——马克·雅各布（Marc Jacobs）

我经常想象着自己置身于Gucci女装奢华的世界里，尽管这和我自己的生活相隔甚远。

——克里斯托弗·贝利（Christopher Bailey）

品牌标识

服装市场由从高级时装到超市连锁等各个层次的品牌所组成。因此任何一个品牌都需要有一个明确的身份识别，也就是品牌标识，以区别于其他品牌。一个品牌可以是一个名称、一种设计、一个符号或者是一个独特的特性等。消费者是冲着品牌的名字去购买的，消费者对品牌积极的感知会促进销售，因此品牌标识是需要培育和保护的。如果消费者对于品牌是积极的看法，就会重复消费。一个清晰的品牌标识表明企业能定期有效地满足目标市场的需求。

品牌是无所不在的，从玛莎百货（Marks & Spencer）到拉夫·劳伦（Ralph Lauren）、艾特罗（Etro）、思琳（Celine）、路易·威登（Louis Vuitton），每5分钟，你至少会看到其中的一个品牌。有些品牌因为经常出现在高端的时尚杂志、一些高级的购物区和频繁而盛大的宣传活动中，而且其价位高以及排他性的感知，这些品牌大众都希望拥有，但是只有少数人能买得起，路易·威登（Louis Vuitton）就属于这一类。而其他的品牌，在中档的时尚杂志做广告，并在自己的连锁店里销售，标榜的是物美价廉的产品，比如River Island和Gap。不论是什么档次的品牌，好的广告和公共关系都有助于保持一个品牌在公众眼中的形象。

你的任务可能是为一个品牌做设计，甚至可能要创建自己的服装品牌，所以你需要了解品牌标识是如何起作用的。你需要确定你的目标消费人群。你希望是谁来消费你的品牌？他们的生活方式是什么样的？他们可支配的收入是多少？他们是男性还是女性？思考一下这些问题，你就知道你的品牌是不是和目标市场相关了。你也可以看看其他品牌是如何来进行市场定位的。

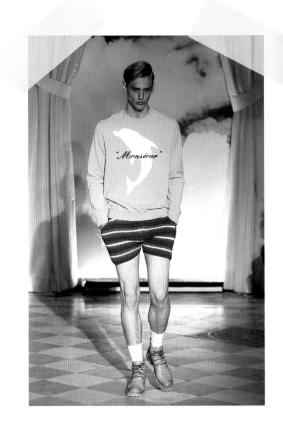

人口结构

人口结构提供了某个方面的人口统计数据，比如性别、种族、收入、年龄、生活阶段、生活方式等等。人口结构最大限度地将社会群体细分，产生了更小的群体——亚群体。这些亚群体很容易被零售商理解并被锁定为目标。这是最广泛使用的分类方法。

优衣库（Uniqlo）幽默的羊绒产品广告，定位是以平民的价格享受到奢华的面料。

广告

广告对消费者的品牌认知有很大的影响。通过研究品牌的广告，不仅可以识别他们的特定风格，还可以了解他们在市场中的定位。例如，能够在高端杂志投放大量广告的品牌，通常定位在高端市场。为了更好地理解品牌和消费者之间的关系，可以对广告进行剖析。

服装行业的广告可以采取多种形式。零售商，如H&M、贝纳通（Benetton）、哈罗斯百货（Harrods）和American Apparel经常使用广告牌，他们有足够的预算可以做大型的广告宣传。零售商也可以利用店铺的橱窗门面作为广告工具。对于中档的设计师品牌，如果他们有足够的预算，可以在时尚杂志上做广告，杂志传播有很好的广告和宣传效应，费用需要支付给公关公司，由他们来监控品牌宣传，并向服装造型师和时尚编辑们提供宣传用的产品。

公共关系

在剖析和研究品牌标识时，了解良好的公共关系对品牌标识的影响很重要。和广告一样，良好的公共关系能为品牌构建一个公众平台。公关公司受雇于设计师或者服装品牌，作为他们的代表来宣传他们。所代表的程度取决于费用的多少。公关公司一般和造型师、编辑、时尚记者以及作家都有良好的关系，因此公关公司可以为设计师或者品牌在媒体上做宣传。

公关公司组织并监控宣传活动，包括时装秀在内。他们把礼物发放给时尚编辑和知名人士。他们也编辑新闻稿，并发送给关键的时尚编辑和媒体人士。跟进媒体投放也很重要，然后将宣传的结果反馈给设计师或者服装品牌。

上图
　各种时装秀的入场券，这些都经由公关公司发放给业内的重要人士。

下图
　时尚工作手册的屏幕截图——在服装、生活方式和美容行业里用到的联系方式、新闻和活动的综合目录。

流行趋势预测机构

要想了解服装市场就需要理解流行趋势的重要性。是什么原因使得一件衣服只能在很短的时间内流行？为什么衣服下摆要变化？为什么说绿色是新的黑色？流行趋势是从哪里产生的？宏观趋势和微观趋势分别是什么？谁需要用到流行趋势？谁来提供这些流行趋势？可以试想一下，流行趋势就好比是从漏斗的底部流出来一样，这就可以理解流行趋势是如何由大变小的演变过程。流行趋势来源于现实生活，从我们的思维方式到我们的生活方式，渗透在生活中的各个领域。

流行趋势预测公司把一些琐碎的点串起来。各种不同的信息被收集起来然后进行分解，其共同点是要评估这些信息与服装之间的关系。这些信息的来源包括博客、期刊、戏剧、电影、书籍、报纸和互联网。流行趋势预测公司必须不断地感知当前的文化思潮，不论是了解名人生活方式的最新状况，还是一直在不断变化的消费者态度。

Promostyl、WGSN（Worth Global Style Network）和伦敦趋势顾问公司未来实验室（the Future Laboratory）都是著名的流行趋势预测公司。Promostyl提供流行趋势的书籍和趋势板，其重点在轮廓、颜色和面料方面。WGSN通过其网络平台为行业提供时尚情报，通过跟进街头时尚、寻找艺术和文化潮流，紧跟流行文化并参考流行经典。未来实验室采用访谈和调查等研究方法向客户提供时尚情报。

高街服装品牌公司倾向于使用趋势预测机构的服务来协助设计开发。而超级品牌、中档品牌、设计师品牌和独立设计师，往往更愿意自己来判断流行趋势。作为一个设计学生，也会要求你通过自己的分析来预测流行趋势，而不是依赖流行趋势机构的预测。要了解流行预测公司所使用的调研方法，比如跟随街头时尚，接触艺术文化，然后进行同化、分解、编辑和分析。了解宏观和微观流行趋势的影响也会增加你对该主题的理解。

1. 宏观趋势

宏观趋势是大规模的社会变革的结果。例如，世界人口老龄化以及消费者人口结构的变化对时装和其他行业产生的巨大影响。日益明显的是，老人们也越来越时髦。因为他们有足够的可支配现金，新兴市场因此而出现。如果缺乏这些意识，在遇到巨大的社会动荡时，业务将会遭受巨大损失。

2. 微观趋势

微观趋势这个词是由战略家马克·佩恩（Mark Penn）命名的，同时他也是一些知名人士和公司的顾问，比如英国前首相托尼·布莱尔（Tony Blair）、美国前总统比尔·克林顿（Bill Clinton）、微软总裁比尔·盖茨（Bill Gates）、英国石油公司（BP）和微软公司（Microsoft）。微观趋势是由一小股与主流背道而驰的群体所建立，他们期望可以影响和塑造美好的明天。这个群体可以只占总人口的百分之一，在一个美国规模大小的国家，这将意味着约三百万人，这是具有高度影响力的一群人。比如：年轻的编织者、社会工作者、咖啡因狂热者、整形爱好者、太阳仇视者、素食儿童和都市纹身者。

举个例子，年轻的编织者的数量在美国正在增长，受到上流社会的一些热心的名人鼓舞，如好莱坞影星卡梅隆·迪亚兹（Cameron Diaz）、朱莉亚·罗伯茨（Julia Roberts）和莎拉·杰西卡·帕克（Sarah Jessica Parker）。这些手工艺者的兴趣是与高科技背道而驰的。由于这个群体主要是由年轻的女性组成，很有可能针对年轻顾客的手工艺品的大型店铺即将开设。时装秀在未来也可能更多的使用手工编织品。这些年轻的手工编织者也是"宅"潮流的一部分，喜欢自己DIY做编织，电视上烹饪、买房子和房屋维修等节目很受欢迎就是佐证。这种趋势也反映在一些家居用品牌的定制选择上，比如：Nike和Timberland都生产运动鞋，而且还提供一系列的贴纸、闪光胶水、邮票和涂鸦标记。

上图
服装纺织品设计专业的毕业生作品展示在老年模特身上。

下图
手工编织在年轻人群体中很流行，越来越多的人自己编织衣服和配饰来穿。

伦理问题

下图
女工在收割棉花

右页图
上图
设计师凯瑟琳·汉耐特（Katharine Hamnett）在T恤上使用标语来表达对政治和环境问题的态度。

下图
法国慈善环保服装品牌People Tree制作的既可持续生产又时尚的服装。

可持续发展的服装，或者叫生态服装，在服装行业是一个快速增长的微观趋势。大家熟知的百货公司，如玛莎百货（Marks ＆ Spencer）现在提供了一些用有机棉或羊毛制成的产品，然而People Tree（法国慈善环保服装品牌）这个公平贸易的先驱，还是在Topshop面前做出了让步。可持续发展的服装旨在拥护环境和社会责任，持续关注碳足迹（碳排放量）、棉花生产和童工血汗工厂等社会问题。

碳足迹是指在生产和运输过程中所产生的二氧化碳的总排放量。因此，在服装行业碳足迹可以用来测量生产特定的服装对环境所造成的影响。可持续发展的服装的目标是减少碳足迹，比如通过减少运输原材料和成品的距离，因而减少了燃料的尾气排放。

棉花的生产涉及到大量农药的使用，这对棉花的生产者和环境都会产生破坏性的影响。有些农药含有剧毒，世界卫生组织有数据显示，每年有超过20000农民因此而死亡。有人认为，如果能向棉农支付更高的收购价格，棉农就可以使生产多样化，并使用更环保的耕作方法。

有机棉的生产没有使用合成农药和化肥。因此，无论是棉农还是环境，都能受益匪浅。耕作方法，如轮作，也可以大大减少害虫数量和增加害虫的天敌数量。虽然用有机棉制成的服装通常比用常规的棉更贵，还是有越来越多的零售商囤积有机棉来满足日益增长的需求。

血汗工厂一般都是在发展中国家建立生产基

地，那里的工作条件较差，工资很低，工人的权利和福利都被忽视了。通常是高街品牌受到这方面的指责，因为他们为了在市场竞争中存活，而坚持要求在很短的时间交货以及低价采购，低价依赖于血汗工厂的廉价劳动力。然而，其他档次的服装市场也有使用血汗工厂的现象。

在大多数发展中国家，使用童工很普遍。贫困的大家庭将他们的孩子送去工作挣钱养家。工厂招很多童工，因为他们很便宜，所以工厂所有者能赚更多的利润，并保证消费者能买到价格便宜的产品。然而在很多情况下，这些孩子在危险的环境下长时间工作，这就成为品牌想要提供可持续发展产品的一个关键问题。

案例学习

狄利斯·威廉姆斯（Dilys Williams）是伦敦时装学院（London College of Fashion）可持续发展服装中心的主任，同时她也是一位服装设计师、创新者和领导者。威廉姆斯可以称得上是可持续发展设计领域的一位激情洋溢的代言人，她在学术领域内外都积极推进可持续发展设计。她还是服装和环境硕士专业的负责人，这个专业是一个开创性的硕士学位，通过与外部企业合作，旨在从本质上影响时装业的变化。

可持续发展在服装行业正蓄势待发，但是要想调整这种平衡需要在态度上的重大转变，正如威廉姆斯所说的："很多事情都在发生着变化，我真正地感觉到，作为公民的我们，随着我们之间紧密性的大幅增加，彼此间的依存关系也更强，多样性的自由度更高，也更为活跃了。但是因为大多数政府和企业关注短线投资，这种关联也遭遇了大幅下降的现实。但我仍然很乐观，只要我们不把这些认为是板上钉钉的事，只要我们继续朝正确的方向前进。"

关于可持续发展的服装的认知，意味着只有作出一致的努力才能确保它能被推广和被积极地感知。"我们所面临的挑战是，从当前的商业模式，转为其他可以持续实现的创新，提供更有意义的工作机会，能够适应生态系统和经济系统的变化，设想出更好的方法来实现我们对于身份、依存关系和归属感的人类需求。"

来自非洲南部和西部各地以及印度的手工艺人与伦敦时装学院的学生在研究项目中结成合作伙伴，相互之间可以广泛地学习和借鉴经验和知识。这些合作以设计项目为中心，并作为催化剂的作用，促进社会的变化。

威廉姆斯做过设计师品牌和高街品牌的设计师，这些背景为她做出解决可持续发展的决策提供了第一手的经验，比如：尽可能地优先考虑有机材料和可持续发展的生产方法。尤其是她为凯瑟琳·汉耐特（Katharine Hamnett）做设计时（凯瑟琳·汉耐特也是一个环保主义者），带来了新的伦理和生态的认知水平，以及如何嫁接到设计中去。威廉姆斯说："我一直以来都在从事与设计有关的工作，并一直保持对"时装是什么、时装做什么以及时装代表什么"的好奇心。为了确保与此相关，我搜寻着世界上正在发生的事情。但是话说回来，当我开始为凯瑟琳·汉耐特做设计的时候，也遇到了不少现实的问题，从那时开始，我再没有回过头，新的思想不断涌现出来。"

现在威廉姆斯使用了各种媒体，包括电视、期刊、报纸、广播和杂志，让服装行业关注生态问题并推广她的理念。她的信念是，将自己与他人的智慧结合起来，就可以创造一个我们都引以为豪的世界。

ACTIVITY ACTIVITY ACTIVITY ACTIVITY ACTIVITY ACTIVITY ACTIVITY ACTIVITY ACTIVITY ACTIVITY ACTIVITY

练习:

选择和比较两个不同服装档次的黑色小礼服，比较成本、面料成本、裁剪和合体度（拍照）。为了进一步分析，根据你所喜欢的购物环境的体验，描述一个顾客的概况。

最左图

佐伊·弗莱彻（Zoe Fletcher）积极参与到针织过程的各个环节，从剪羊毛开始，到开发染料、纺纱、设计，到针织成型完成整个设计系列，最后在英国各大时装秀场展示。

左上图

尤娜·赫西（Una Hussey）的设计系列通过使用能加热并包裹身体的材料，最大程度地实现了保暖性，这是对生态和经济的必要性以及对资源开发、能源成本和气候变化等问题的创意性解决方案需求的反应。

左下图

通过探索替代体验、可持续性、行为经济学和情感心理，这件由伊凡·道里茨（Ivan Dauritz）设计的茄克讲述了关于它的制作的一个故事，并给穿着者提供了可以继续讲述这个故事的空间。

第四章 资讯调研
Informational Research

资讯调研是服装设计中主要的组成部分，一个设计系列的概念、主题或者故事往往都是受到一些图像的启发。然而，只有在对研究背景有了深入理解的支撑下，资讯调研才能发挥最大的作用。幸运的是，当你受到某个事物的启发时，你就会想了解有关它的一切！花点时间来阅读一些相关的资料，用二手资料调研法做资讯调研，能有效地提高你的研究能力和设计能力。

图书馆

如果要做资讯调研，去大学图书馆应该会有很大的收获。图书馆提供了综合性的视觉和信息资源，通过图书馆的网页链接可以访问一个大型数据库，包含印刷版和电子版的图书、展览目录以及印刷版和电子版的期刊。同时也可以访问大学以外的数据库资源，虽然这些可能是有权限的或需要密码登录的。

多媒体设备也可以提供很多宝贵的资源，多媒体文件的标题涵盖了各种流派学说，都是以DVD或视频格式保存的。大多数图书馆会提供观看设备，带上耳机就可以开始观看了。

把你的搜索范围拓展到其他图书馆，不论是大学的还是公共的图书馆，可以大大拓宽你的搜索范围，成果更丰厚。你可以经常上网查询其他图书馆的馆藏目录，或许还可以请图书馆管理员安排馆际互借（从大型公共图书馆借阅通常要遵循一些程序，比如，在伦敦的大英图书馆借阅资料，需要你在线填写表格）。当然，如果你的学校和这所大学的图书馆没有任何的关联，也是无法从那里借书的。但是复印（在不侵犯著作权的情况下）和抄录通常是允许的。

1. 初识图书馆

图书馆可以利用不同的编目系统，而这些通常按国别分类。例如，国会图书馆的编目系统被很多美国的图书馆采用，而在英国的图书馆则采用杜威十进制系统。这些系统和其他系统在图书馆里为浩瀚如海的书籍提供了便捷的导航查询。

熟悉图书馆的数字系统和一般性架构形式同样重要。要了解如何能找到特大号的书籍、DVD光盘以及过期的杂志和期刊。要了解如何使用复印机以及关于复印上限的一些规定。图书馆有扫描仪吗？你一次能借多少本书？有没有版权问题？等等。

大多数院校在学年伊始会安排一次图书馆的参观，这是一个对图书馆全面了解的机会，如有疑问，还可以提问。事实上，图书馆里最宝贵的资源之一就是图书馆管理员，他们对图书馆的藏书了如指掌，并具有专业知识，你经常可以向他们咨询。

2. 充分利用图书馆

抽出几天的时间熟悉图书馆的资源将有助于研究能力的提升。在图书馆里扩大你侧重的范围也很重要。往往你会遇到这样一种情况，就是你觉得自己总是在图书馆的同一个角落对着同一堆书籍和杂志转悠。要尝试去阅读有关你所不熟悉的主题的书籍和杂志。拓宽你的知识面，扩大你的关注范围，充分发挥图书馆资源的作用。简单地翻阅一下其他学生取阅过的书籍和杂志，了解一下不熟悉的内容。

如果想轻松愉快而又富有成效地漫游图书馆，请注意以下事项：

（1）图书馆禁止携带食品和饮料；

（2）随手带上笔和纸，随时记下搜索目录上的参考号码，便签纸还可以用作简易的书签；

（3）带上速写本便于整理收集素材；

（4）带上思维拓展图（蜘蛛图），将有助于对关键词的搜索；

（5）带上基本的设计工具，比如铅笔和颜料；

（6）带上复印机的充值卡或者硬币便于使用投币复印机；

（7）带上U盘或笔记本电脑，不要忘了图书证。

图书馆是做信息性研究的关键资源。熟悉你的校园图书馆的布局将有助于节省时间。

书籍

花点时间在学校图书馆里，随意在书架上挑出几本非时装类书籍来看看。

来自书籍的视觉和文字的启发是潜力无限的。基于你所在大学的规模，以及所提供的专业设置的广度，你的图书馆将涵盖这些学科专业书籍的综合性目录，所以应该尽量避免只关注与时装相关的书籍。你应该随机从货架上挑些书籍来浏览。你可能会偶然碰到和你当前的研究项目相关的内容，也可能和一个即将开始的项目有关。在研究的早期，跳出固有的思维模式，将极大地有利于你的研究和开发过程。

1. 组建你自己的图书馆

为什么不把那些能启发灵感和你感兴趣的服装书籍收集起来呢？书是一种投资，但是不需要太大的成本，因为有很多书店卖二手书。

也有各种各样的网站专门卖回收的书籍，比如Strand书店、AbeBooks、Gumtree和Amazon。要想买得起书，就要避免买第一版或者绝版的书。有时候图书馆会处理一批书，

你就可以捡到便宜了。把那些启发灵感的书收集起来，在家里组建属于你自己的图书馆，家里就成了一个不错的工作环境。

2. 围绕你的主题来阅读

要想影响未来，对现在和过去的知识体系的建立尤为重要。历史存在于现实在生活中的方方面面，任何事情都是有历史的，任何事情都有过去。有几个著名的设计师的个人风格就是对历史的大量借鉴，维维安·韦斯特伍德（Vivienne Westwood）和约翰·加利亚诺（John Galliano）就是很好的例子。

这些知识并不是与生俱来的，必须要通过后天的学习。在图书馆可以先从时尚和服饰历史书籍的目录开始。从早期的服装开始研究，因为廓形、比例、面料、装饰、颜色的使用以及剪裁等都发生着巨大的变化。

你还需要养成研究当前世界文化问题的习惯，以便将图像文字化。文化的影响可能来自遥远的异国他乡，也可能是你所熟悉的生活环境，这两个来源也可以是有关联的，是可能在你的作品中诸如颜色、比例、面料等各个方面启发创意灵感的。

杂志

时装杂志为信息性研究提供了巨大的资源库，包括当前和过去的服装资料。需要注意的是，月刊杂志的前置时间（印刷生产和计划安排）大概需要三到四个月的时间。因此时装通常选择前置时间更短的报纸和杂志来宣传。

有很多时装杂志可供调研使用，从主流的杂志，比如英国版、美国版和意大利版的 *Vogue*、*Elle* 和 *Marie Claire*，到更前卫的杂志，比如 *POP*、*Lula*、*Wonderland* 和 *An-Other* 杂志。相比主流杂志，后者愿意冒更大的风险，他们一般都是与新晋的有一定影响力的摄影师、服装设计师、造型师和时装记者合作。

所有的杂志都有自己的独特风格，剖析这些风格对你的服装知识储备和市场意识的提升都大有益处。一般可以从以下这些问题入手：

这本杂志投放针对的人群是哪些？

这本杂志能代表你吗？

你希望得到这本杂志吗？

这本杂志代表的是哪种类型的服装，是高街品牌，还是设计师品牌，或者两者都有？

这本杂志是主流的还是前卫的？

这本杂志上有很多广告吗？

哪些品牌在这本杂志上做了广告？

这本杂志的销售渠道是哪些？

通过定期浏览刊登在杂志上设计师的系列作品，你就可以对当前的流行趋势有一个基本的了解，比如设计师所选用的色调、面料、廓形和比例。但是也不要把其他设计师作品的一些重要设计元素作为己用。最重要的是你自己的独特灵感启发了你的设计工作。不要忘了问一下图书馆是否保存了杂志的过刊，因为这都有可能启发更多的灵感。

当期的杂志能帮助你与当前的时装趋势和生活方式同步，而过刊能让你熟悉过去的时装。

互联网

蜘蛛图（思维拓展图）对于关键词搜索是很有价值的。随身带着蜘蛛图，你可以随时参考。

互联网是一个了解世界的窗口，在互联网上可以访问到你本来无法接触到的东西，为你节省了大量的时间。然而，当你在网上浏览的时候，也浪费了很多时间。因此有效率地使用这些资源是高效时间管理的关键。如何能保持你的关注重点？如何有效地管理你的上网时间？如何检查你的结果的准确性？

互联网使得快速获取调研的初始信息成为可能。然而，也要注意互联网的使用，过分依赖网络资源可能会导致设计项目缺乏生气。网上图像和信息的质量以及可信度都比不上亲自实地所获取到的。服装设计的研究不应该总是待在电脑屏幕前，不要错过了可以亲身尝试其他研究方法和深化设计概念的发展机会。

1. 使用关键词

在网上做调研时，有效地使用关键词很重要，无论是在互联网上搜索还是浏览数据库，有选择性地查看能使你的研究更快捷更集中。你之前做的蜘蛛图（思维拓展图）上的文字通常都是关键词，因为这些词与你的设计项目都直接相关。要想效率更高，请注意以下几点：

（1）列出关键词；

（2）进一步调查这些词，有没有其他类似的同义词？

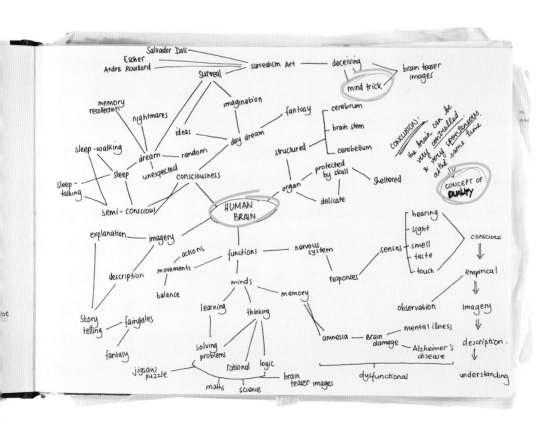

（3）有相关术语需要调查吗？可以查字典、辞典和百科全书，这都可以在网上完成；

（4）列一个清单，把已经完成了的划掉；

例如，你的灵感可能来自绿色。

（1）与绿色相关的关键词有：自然、生态、武装部队、地理、衰败、循环、林业；

（2）可能的同义词：本质、保护、军队、地图学、降解、废物利用、造林；

（3）潜在的相关术语：本体论、生物学、军事、禁欲、自然地理、再生、树艺。

从一个词（绿色），可以创造出21个新的关键词或短语。然后这些新的关键词将形成一个有重点的、高效率在线搜索的基础。

2. 检查搜索结果的准确性

搜索引擎，比如谷歌，通过使用关键词可以在网上搜索到海量的信息。检索产生的点击量可能会达到数千次之多。所以会搜索到很多结果，但他们都是相关的吗？更重要的是，他们的准确性如何呢？事实、虚构和观点意见在互联网上惊人的多。其他形式的

媒体都有相当严格的系统检查信息的准确性和真实性。书籍要经过编辑，期刊和论文需要同行评议；在印刷媒体行业也有一定的责任制水平。互联网并不以这种方式来控制。

要经常将你在网上找到的材料与从其他网站或者线下搜索到的信息进行交叉比对。例如，维基百科（Wikipedia）定期将关键词搜索的点击列表以标题的形式登出来。维基百科是一个在线的百科全书，任何公众成员可以撰文和编辑。虽然它可以为调研提供一个起点，一个能快速获取的信息宝库，它也会支付费用，用于检查其与其他来源的信息的准确性，但是要确保你能正确地使用这个资源。

3. 在线搜索图片

谷歌搜索可以为你提供一个庞大的图像数据库。然而，你搜索结果的好坏将取决于你所使用的关键词。用这种方法搜索到的大部分图片的分辨率都很低。

图像也可以从图像数据库搜索到，这些图像数据都被分类保存，查看的时候就像是在翻阅书页的感觉。这些数据库通常是一些商业的、教育的或图像共享型的网站。他们提供了丰富多样的视觉图像。

商业数据库通常需要注册并付费才能使用图像。使用权限会因数据库的不同而不同，也因图像的不同而各异，要经常检查哪些权限是允许的。摄影青年音乐文化档案馆（Photographic Youth Music Culture Archive，缩写PYMCA）、Alamy、Getty Images、Rex

Features、Shutterstock和Corbis都提供了综合性的数据库。你可以在线浏览图像，或致电图书管理员来获取图像。

教育类数据库网站提供了高分辨率图片的免费下载，仅用于教育目的，比如Bridgeman Education、ARTstor和VADS。用于教育目的的免费图像也可以在众多的画廊、图书馆和博物馆的图像库里找到。因为不同的数据库，使用条款和条件各不相同，所以要先了解清楚。维多利亚和艾伯特博物馆（Victoria and Albert Museum）收藏着很多历史影像。大英博物馆（British Museum）、古根海姆博物馆（Guggenheim）和美国现代艺术博物馆（MoMA）也提供了广泛的图像数据库。

图像共享型网站，如Instagram、Flickr、ImageShack和Photobucket都提供免费的图像。然而，这并不意味着放弃知识产权。通过全球公认的创作共享许可协议，所有者和开发者可以分享他们的作品，并定义使用权，任何作品都介于不保留版权和保留所有版权之间。

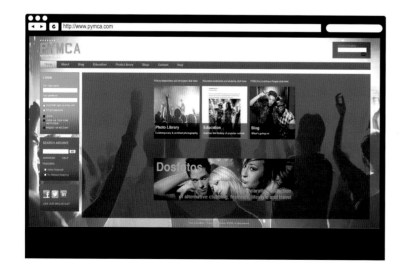

在线杂志、博客
和社交媒体网站

大多数知名的时装杂志都有在线的版本，对于那些拿不到纸质版杂志的人来说，这可以说是一种福音。网络在线可以让世界上任何地方的观众都能看到最新的巴黎时装秀，让大家跟上时尚的步伐。

时尚博客是网络上提供有关当前的时装和生活方式的信息。博客是由网络日志发展而来的。时尚博主们在网上写日记，并与一些兴趣群体分享一些心得。经过他们多年的努力，已经使博客有了长足的进步，有时还能雇佣一些时装记者，有一些发展得很不错的博客已经拥有了巨大的读者群体和影响力。

时尚博客可以由个人或者公司来创建。这些博客在网络上可以传播扩散开来，因此利用合适的系统来高效推广是很明智的，比如Bloglovin'或者一个类似的博客聚合模块系统。以下是一些顶级的个人博客：

Cupcakes and Cashmere :cupcakesand-cashmere.com

Jak and Jil: jakandjil.com

Face Hunter: facehunter.blogspot.co.uk

A Cup of Jo: joannagoddard.blogspot.co.uk

Twitter、Instagram和Flickr都是知名的社交网络，也可以提供关于时尚潮流的信息，所以值得关注。

Dazed Digital是Dazed & Confused杂志的网站，它探讨最新的流行时尚、音乐、艺术和文化以及摄影。

版权

当你在网上下载图片来研究的时候，要注意所有视觉作品的著作权。对于时装模特大片，模特连同摄影师和服装设计师都是受到版权保护的。

在做调研的时候，你需要把时间合理安排在发现、收集和整理二手调研素材上，无论是文字性的或图像的材料。了解版权问题如何影响这个过程也很重要。著作权立法为你和他人的知识产权提供了保护（你的创造性工作也被归为资产），防止该资产在全球范围内被误用（这不包括以思维形式存在的灵感，而只是现实中存在的作品）。立法的整体目标是要确保没有人能将他人创作的成果据为己有。它包括文本、图片、电影、音乐和录音等任何创作，无论是以实物还是数字化的形式。

你需要有版权意识，懂得保护你自己作品的版权，也需要了解别人的版权。从一开始就发现可能出现的问题不是一件容易的事。立法因国家不同而不同，所以并没有一个国际通用的规则。要了解立法的多样性并遵守你所在国家的法律。技术的进步速度与版权立法并不同步，这就留下了大量的不确定性，特别是对于数字图像可为之和不可为之的事。至今还没有判案的范例可以作为参考标准。

文字或图像作品受版权保护的书面许可，在任何时候都是必需的，除非该作品是在公共领域被使用或者被合法使用的时候。在公共领域使用的作品一般都是版权过期的。对作品的合法使用是指版权作品的摘录被用于教学（非赢利教育目的）、批评或评论。一定要引用你的参考来源，下一部分会具体来讨论。

组织你的调研

如果花个几年的时间来搜寻研究材料，这说明没有很好地利用时间，因此需要建立一个归档系统并坚持执行。有很多种组织调研材料的方法，最重要的是选择适合你用的系统，而且是你真的会去使用的系统。

你可能需要两个系统，一个用来搜索实物素材，另一个用于从网络、书籍和杂志中搜索。档案盒、塑料钱包、马尼拉文件夹和剪贴簿都是不错的存储工具。使用卡片索引，或者用哈佛引用体系，或者在网络浏览器上创建书签，亦或者使用引用管理系统，比如Delicious、RefWorks、Xmarks或Zotero系统，这些都是组织网络素材的有效方法。你也可以将搜索进一步分类，比如项目名、作者、设计师、颜色参考或者概念等。

当使用二手资料调研的资源时，要做好记录并引用资料的来源。比如，在复印书里的图像时，对其摄影作者、摄影的年代以及图像的标题、书名都做一个记录。同样的方法也适用于从杂志中获取图像。如果你需要重新寻找资料，不论是确定大体信息还是找同一个摄影师的其他作品，这些信息都将是非常有用的。在某些情况下，特别是使用文字的时候，它还可以帮助你避免剽窃的指控。

用于引用来源的信息，不论是用于记录还是用于检索查询，都要按以下来操作：

（1）书名；

（2）书的作者或者编者；

（3）出版日期；

（4）出版社；

（5）网址；

（6）搜索日期和时间；

（7）艺术家的名字；

（8）摄影师的名字；

（9）摄影的日期。

> 我使用一切素材，从
> 电影、书籍到音乐和摄影。
> 我保存着一些可能没有用的资料，
> 但是以后可能会用得上。
> ——艾玛·库克（Emma Cook）

电影

左图中莫斯基诺（Moschino）2012秋冬系列的灵感来源于右图中1971年的电影《发条橙》（A Clockwork Orange）。

右页图
右图中电影《黑天鹅》（Black Swan）启发了罗达特（Rodarte）2010春夏系列（左图）。

电影有着普遍和深远的吸引力，其中一部分可以归因于出境的时装。电影能启发时装，反之亦然；两者在审美和商业方面都具有相关性。

有大量的大银幕的服装已经走上了国际时装T台。1967年的电影《雌雄大盗》（Bonnie and Clyde）里20世纪30年代的服装造型，在其公映的时期影响了贝雷帽和毛衣的流行。在影星汤姆·克鲁斯（Tom Cruise）在1987年出演的电影《壮志凌云》（Top Gun）里佩戴复古墨镜之后，这些墨镜就重新流行起来。在最近，2009年的电影《阿凡达》（Avatar）启发了设计师让·保罗·高提耶（Jean Paul Gaultier）的2010春夏高级时装系列。好莱坞影星索菲亚·科波拉（Sofia Coppola）在2006年的电影《玛丽·安托瓦内特》（Marie Antoinette）里的出演，启发了马克·雅各布（Marc Jacob）2012秋冬高级成衣系列。

时装和电影都是依靠故事主题展开的视觉媒介，这就是为什么两者可以非常有效地融合在一起的原因。在电影中使用的服装，可以：

（1）传达一个时代特性；

（2）塑造一个人物性格；

（3）创造一个场景；

（4）营造一种氛围。

密切关注电影，无论是过去的还是现在的，都将大大提高你的二手资料研究的可能性。一部电影能激发一个色调的开发，一个主要人物会给设计系列的故事主题定下基调，设计的可能性是无穷无尽的。建议经常回顾这些电影，可以把重点放在电影的不同方面，你就可能解读、分析和收集相关信息。

练习：

从所有启发你的电影里选择一个标志性的。在电影里找出有用的调研信息并记录到速写本里。你的分析需要考虑以下因素：

（1）历史背景；

（2）文化/社会背景；

（3）历史/当代的细节；

（4）你可以开发出一个色调吗？

（5）什么类型的面料已经用过了？

博物馆

博物馆是一个丰富的信息性研究的宝库。博物馆被设计为多层次的、互动的学习环境，除了提供了写生的机会（详见第五章），还迎合了广泛的人群。博物馆的藏品都可以是灵感来源；而且博物馆还聘请了各领域的专家，他们在各自的专业领域还可以提供动态信息。博物馆经常举办与短期或长期展览有关的系列讲座、会议和研讨会，赞助艺术家进驻博物馆；可以访问在线目录、图书馆、学习室和博物馆的档案（需预约方能使用）。

有一些博物馆专门致力于服装史的收藏，也有一些会设立一个部门专攻这个领域。伦敦的时装和纺织品博物馆（Fashion and Textile Museum）和维多利亚和艾伯特博物馆（Victoria and Albert Museum——V＆A）、纽约时装学院（Fashion Institute of Technology——FIT）的博物馆和巴黎的装饰艺术博物馆（Musée des Arts Décoratifs）都是参考服装史的重要来源。

左图
伦敦维多利亚和
艾伯特博物馆里展示的
1922年卡洛（Callot）
设计的晚礼服、裙子和
腰带。

右图
卡洛（Callot）
在1903～1905年设计
的礼服的蕾丝细节。

购物

你怎样才能从购物中收集调研信息呢？作为一名时装设计师，当代和历史的宝贵的时尚信息要通过亲身接触服装来收集。你无法触摸到杂志中的服装，而亲自触摸服装可以让你辨别其面料品种，观察织物的重量和垂感，看到服装的细节和合体度。

购物并不总是意味着花掉辛苦赚来的钱。选购和逛街本身都是很有价值的研究方法。要经常挑一些你感兴趣的衣服来试穿。这有助于构建你的服装知识结构，加深理解一些技术问题，诸如合体度、廓形、面料和结构细节，如缝线和省道，都是第一手的体验。

为了加强这种体验，就要研究衣服上的面料标签，这样你就可以了解面料的效果。对你所看到的和所体验的进行评估，最好把这些观察记在笔记本上；例如，用纯羊绒做的服装应该感觉很轻，非常柔软和温暖，而且你还应该记下自己的感受。

上图
世界著名的伦敦哈罗兹百货（Harrods）的夜景。

中图
位于伦敦Seven Dials的Monmouth街的精品店。

下图
研究成分标签来调查服装中不同的面料构成。标签通常是缝在衣服的边缝，或后中部品牌标下面。

右页图
上图
位于意大利佛罗伦萨的Pitti Filati时装产业贸易博览会的一个复古摊位。

复古饰品，如箱包、鞋子和腰带，都是很好的灵感来源。

下图
位于伦敦克勒肯维尔（Clerkenwell）的复古时装展是一个能启发设计开发的好去处。

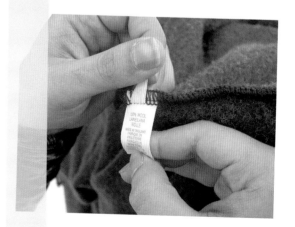

复古时装展会

博物馆展出的历史性的服装展品可以跨越几个世纪之久，而这些展品对于面料选择的学习以及轮廓细节的勾画都很有益处，但是很少有机会试穿这些衣服。在复古时装展会上，你就可以亲身试试这些复古服装了（有时还可以购买）。

在跳蚤市场、车库市场和二手店淘到的服装在年代上跨度比较大；一般来说，超过25年的旧衣服都被视为复古服装。有一些位于时尚之都的复古时装展受到了国际服装设计团队的青睐，比如：英国伦敦的克勒肯维尔（Clerkenwell）、哈默史密斯（Hammer-smith）和切尔西（Frock Me Chelsea）等复古时装展，还有位于西班牙马德里的复古时装展。知名的复古市场：位于萨里的坎普顿公园（Kempton）集市，位于伦敦的桑当公园（Sandown）和波多贝罗路（Portobello）集市，位于纽约的地狱厨房（Hell's Kitch-en）和布鲁克林（Brooklyn）跳蚤市场，位于巴黎旺夫门（Porte de Vanves）和圣图安（Saint-Ouen）的跳蚤市场（marchés aux puces）都不断地吸引时尚买手和设计师。

案例学习

艾丽兹·帕尔曼
（Alice Palmer）

知名的针织服装设计师艾丽兹·帕尔曼（Alice Palmer）一直致力于挑战传统对于针织服装的理解。帕尔曼的名气来自于她推动设计和可持续生产方法的能力。通过将创新和更传统的方法整合起来，帕尔曼也能够实现可持续的、雕刻般的、具有开创性的、超现实的，而且是完全可穿戴的大胆的服装。

从格拉斯哥艺术学院本科毕业后，帕尔曼到皇家艺术学院继续攻读纺织品硕士学位，专攻针织专业，探索和尝试非传统的方法来设计针织服装。帕尔曼对可持续性的关注也在这期间形成。为了减少浪费，她探索出的用对角线的形状来包裹身体的方法，形成V领和不对称的衣摆。帕尔曼于2007年硕士毕业，并于2008年创立了自己的品牌。

对任何创意行业，灵感是关键，帕尔曼说："我的设计灵感主要来源于电影、人、艺术、建筑与大自然。我花了很多时间参观伦敦的美术馆，包括位于伦敦Hackney Wick的施华兹美术馆（Schwartz Gallery），泰特现代美术馆（Tate Modern Gallery）和伦敦白教堂美术馆（Whitechapel Gallery）。我的灵感来源多种多样，并且我相信，当你将不同的灵感组合起来后，你就可以创造出一些更有趣的或独特的东西。"

至今为止，她有不少设计系列的灵感取自电影。2012秋冬系列"Vertigo"的灵感来自于知名导演阿尔弗雷德·希区柯克（Alfred Hitchcock）执导的经典影片，特别是蛇蝎美女Judy Barton这个角色形象。2013秋冬系列源自韩国导演朴赞郁（Park Chanwook）执导的电影《Lady Vengeance》，这是一个关于超级英雄和善恶斗争的大胆的设计系列。"我被超级英雄电影的动作、幽默和故事发展都深深地吸引了"，帕尔曼说。

她的设计以雕塑般的廓形闻名于世，帕尔曼说："通常我通过形状来确定轮廓，或者先确定形状，然后轮廓自然就确定了。然而，轮廓可以来源于设计过程的许多方面，比如视觉研究、服装的形状，甚至是雕塑的负空间。打样和测试阶段是非常重要的。你需要将整个设计系列作为一个整体来看，开发阶段是你可以真正地试验和创造面料和服装创新的时刻。"

当帕尔曼于2008年被品牌ASOS授予最佳女装设计师之际，她也在当年获得了国际认可。这也使得帕尔曼2009年春季发布的系列获得大卖，由ASOS推出。在苏格兰风格奖的评选中，帕尔曼被提名为2009年和2010年的年度最佳时装设计师，并在2011年和2012年获得年度青年时装设计师的称号。在2013年1月，帕尔曼的2012春夏系列"Interstellar"在米兰Spiga 2的D&G概念店举行了发布会。

上左图和上右图
　2012春夏系
列"Interstellar"

　下左图和下中图
　2013秋冬系
列"Lady Vengeance"

　下右图
　2011春夏系
列"Fossil Warriors"

第五章 创意调研
Creative Research

　　创意性调研主要采用的是第一手资料调研的方法。你需要带上铅笔、纸、蜡笔、剪刀、胶水和相机，通过绘画、拼贴和摄影的方式来探索你的设计主题。本章还将告诉你如何通过解构来处理面料，定制和立裁可以帮助你找到新的比例关系、造型和轮廓。

创作工具

速写本的开本大小和品质都各不相同。这些页面可以用打孔器在中间穿孔、螺旋装订或缝合、或粘到书脊上。你可以通过试验来找到最适合你的格式。如果你习惯了用A4和A3大小的开本，对于记录调研过程，这可能会是个挑战。

不论是把二手调研的资料贴在速写本上，还是把你觉得有趣的内容画出来，选择合适的创作工具对于整个调研和设计过程都至关重要。对于创作工具，范围很广泛，尽可能多地去尝试不同的线条、形式、颜色和肌理。

为方便起见，创作工具（不包括你的速写本）最好都保存在一个盒子里。这里有几个基本的注意事项：

速写本

了解一本书纸张的重量，通过考察其每平方米的克重。数值越高，纸就越重。标准的复印纸的克重是80克/平方米，而明信片的克重为250克/平方米。速写本纸张的重量介于两者之间，范围在120～160克/平方米。如果你打算使用速写本的正反面，就选择重一点的纸，以免画印到反面，影响另一面的视觉效果。

描图纸

通常在设计开发过程的后期阶段，要想将创意的潜力最大化时使用描图纸。但是并不是必须用这个，因为有些设计师还是喜欢用速写本来做设计开发。描图纸的克重有75克/平方米，这意味着纸很透。这个类似于拷贝纸，可以把原图拓下来。

石墨铅笔

铅笔可以单支出售，也可以按包出售，从硬到软会标上HB（分别表示硬和黑）。美国系统用数字将铅笔分级，数字越大，铅笔芯越硬，笔迹越浅。在研发的各个阶段，如草图、设计开发和款式图（平面图），对铅笔品质的要求都不一样。草图通常要求软芯的铅笔，而设计开发和款式图则要求硬芯铅笔来画清晰的线条。

水彩笔

可以直接使用全套颜色的水彩笔，也可以用笔刷沾水彩颜料来画。

颜料

最好有一罐水彩、水粉或丙烯颜料。水粉和丙烯颜料可以像水彩或油性颜料一样，这取决于用多少水来稀释它们。

黑色和彩色墨水

可以直接取墨水用，也可以将墨水和水混合使用。

上图

在研发的各个阶段所需的各种基本工具。在速写本里颜色的使用和铅笔一样重要。在实地做第一手资料调研时，携带水彩笔和水彩铅笔比水粉和丙烯颜料更方便。可以用一个小水瓶来洗画笔，用纸巾来吸收多余的水。

下图

石墨铅笔是按HB来衡量笔芯的软硬程度，铅笔笔迹颜色的深浅取决于铅的软硬程度。

笔刷

笔刷有不同的尺寸，从细笔刷到大笔刷。画笔的形状可以是圆形的、扁平的、椭圆形的、长的或者短的，刷毛可以是天然的或合成的，合成的刷毛便宜一些。

胶水

你会不断地把第一手和第二手调研的图像都贴在速写本上，因此使用一款好的胶水很重要。水性的胶水会将速写本的纸弄卷起皱，而且粘合效果也是暂时的。

胶带

胶带的粘合质量很好，而且从纸上撕下来也很容易。因此在画架上固定纸张，胶带是很理想的材料。而且在满是图像的速写本里，用胶带做批注也很便捷，因为它表面不光滑，方便写字。有各种宽度的胶带。

橡皮擦

橡皮擦在工具盒里必不可少，但是尽量不要去使用它。可以练习在错误的线条上画更重的轮廓线来掩盖这些错误，这将有助于看到你的修正之处，绘画技巧也会提高。

9H	8H	7H	6H	5H	4H	3H	2H	H	F	HB	B	2B	3B	4B	5B	6B	7B	8B	9B

最硬　　　　　　　　　中等　　　　　　　　　软

左图

要 想 利 用 好 这
些 创 作 工 具 ， 就 需 要
尝 试 将 这 些 工 具 进 行
不 同 组 合 的 实 验 。 面
料 的 克 重 、 悬 垂 性 和
表 面 纹 理 需 要 用 合 适
的 创 作 工 具 通 过 手 绘
来 实 现 。 结 合 使 用 墨
水 、 蜡 笔 和 潘 通 马 克
笔 ， 这 些 草 图 可 以 在 5
分 钟 内 完 成 。

右图

用 潘 通 笔 在 草 图
里 测 试 线 条 的 强 度 。
要 了 解 如 何 对 画 笔 施
加 不 同 强 度 的 压 力 以
及 创 作 工 具 的 不 同 的
表 面 ， 尽 量 利 用 创 作
工 具 的 所 有 不 同 效 果 。

卷笔刀或工艺刀

经常会用到卷笔刀或工艺刀，时刻要让铅笔头保持尖的状态。

款式图绘图笔

绘图笔用于手绘款式图。笔尖的尺寸可以细到0.1毫米，可以画出很细的线条。

了解不同创作工具的笔迹特点很重要。你需要测试所有这些工具的使用方法。例如，一根蜡笔可以用其侧面或者顶部来作画；水粉颜料可以用笔刷或者用你的指尖来画，施加的压力也可以变化。要想进一步丰富你作品，可以尝试混合使用各种工具。

RAILWAYS
SOPHIE HULME

上图
　综合使用手绘和电脑软件绘图，如Photoshop来创作优美的又不会太平面的图像。

下图
　了解你的创作工具可以让你对他们加以充分利用。铅笔笔迹的轻重、透视效果和阴影，能帮助你实现三维效果的箱包和大衣。

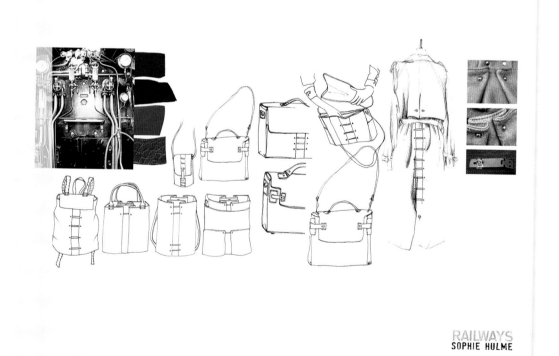

RAILWAYS
SOPHIE HULME

高效的绘图

采用连续的线条来勾绘轮廓将帮助你将重点放在尺寸和比例上。重复练习也有类似的效果，因为随着时间的推移，当你分析和修改你的画稿时，你的观察能力也将提高。

写生绘画是一项重要的技能，也是一种做笔记的形式。通常是画在一个速写本或单张纸上，是第一手资料调研的一种形式。写生的对象可以是任何事物，尤其是对服装产品特别有用，当然你也会受益于写生其他的对象，如建筑、家具和野生动植物等。绘画就是观察和诠释的过程；不论是主体还是客体，绘画过程和分析都是一样的——诠释形式、线条、比例和平衡。

在研究和开发过程中存在二维绘图和三维现实之间的相互作用。通过绘画来准确地表达一个物体的能力要求你对设计的基础（线条、比例、形状和表面肌理）有准确的判断。

用一个连续的线条勾勒出一个物体的轮廓是很有帮助的练习。勾画出整个对象，保持你的笔不要离开纸，一直到你的笔回到最开始的地方结束。学生常犯的错误是专注于一个局部，如面部，然后才发现纸上留给其他部分的空间不够了。通过迫使你关注整体的练习，能加强专注力和侧重点，以及对大小和比例的理解。

评论性的注释可以增加速写本的深度。给这些画加上解释性的注释，是你思想探索的过程并提供了对素材的解释与评估。这个过程是很有价值的，因为这表示你对主题有了更深层次的接触。这也表明思维过程是积极主动的，对于服装设计现实问题的解决，这是非常有用的技能。

"The Nutter Look."
"nutter trademarks include
trimmed lapels + pockets in
matching grosgrain or contrasting
fabrics."
I really like the quirky contrasting
fabrics.

上图

作为一种表现手法，这幅茄克草图也存在一些不准确的地方，比如口袋的不对称。对于自己的画进行客观而有效的自我批评是很重要的。做一些更改和修正也是创作过程的组成部分。

下图

来源于现实生活的一些服装图稿能帮助你提高对服装三维空间维度的认识，比如合体度、比例和廓形。

SELECTED
HOMME

103

上图
服装设计的学生在伦敦服装与纺织品博物馆（Fashion and Textile Museum）汤米·纳特（Tommy Nutter）的"Rebel on the Row"展览上写生。

下图
这两页展示了伦敦的帝国战争博物馆（Imperial War Museum）里一个胸甲的照片。草图分析了这个胸甲是如何拼接制成的。

例如，参观时装陈列室时，你可以把你感兴趣的都画出来，用创作工具渲染出不同风格的面料，探索悬垂性、织物、比例和形式。当添加注释时，你可以问自己以下这些问题：

这些面料组合起来合适吗，为什么？

它让你想起了其他的什么没有？

色调合适吗，为什么？

廓形是偏女性风格一些，还是偏男性？是什么造成这样的结果？

你喜欢/不喜欢服装的哪些地方？

记录服装的面料类别、颜色系列、年代和开发季，对于调研而言都是有用的信息。

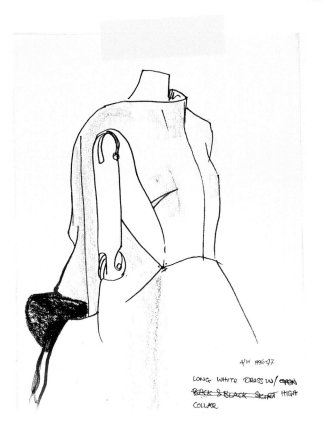

A/W 1996-97

LONG WHITE DRESS W/ OPEN
BACK & BLACK SKIRT HIGH
COLLAR

绘画是一种做笔记的形式，可以让你保存那些吸引你眼球的第一手的记录，比如，这些图是在伦敦维多利亚和艾伯特博物馆（Victoria and Albert Museum）的三本耀司（Yohji Yamamoto）展览时手绘的。你应该随身携带袖珍型速写本，最好每天都把你感兴趣的东西画在上面。

W19
BLACK LONG DRESS
W/ INTEGRATED
SEQUINNED PURSE
ON THE BACK.

S/S '01
CRÊPE DE CHINE,
SEQUINS, METAL &
PLASTIC.

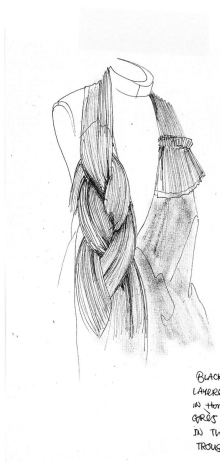

S/S 05
SILK & SATIN.

W7
BLACK HALTER-NECK
LAYERED LONG DRESS
IN HOMAGE TO MADAME
GRÈS W/ PLEAT DETAIL
IN THE FRONT & BLACK
TROUSERS.

摄影

当在人模或是真人身上做立体裁剪时，为各个步骤进行拍照对于试验过程将是一种有用的提醒。

强烈推荐将摄影作为调研过程归档和沟通的工具。它不仅可以用来记录最终的结果，在研发过程的每一个阶段也可以通过摄影来捕捉灵感。

摄影非常方便，只需要按一下快门就可以了；大多数手机都有摄像头，傻瓜数码相机也很容易操作。然而，与任何事物一样，实验和实践有助于掌握这些基本技能。

有两种类型的摄影，模拟摄影和数字摄影。模拟摄影是在感光胶片上捕获图像的传统方法，在暗室里进行照片冲印。数码摄影不使用胶片，它通过数码处理来捕获和存储图像文件。当打印数字图像时，要确保分辨率比较高，300 dpi是行业标准，以避免图像成马赛克状。模拟和数字图像可以通过使用滤镜和处理技术来调整和改变。

买一个小相机，随时带着它，这样无论在何时何地，你都可以随时捕获到灵感。从明显的到抽象的任何东西都是有用的，比如人、建筑、树皮、碎石、日落、纹理、颜色组成等。对于记录街头文化，有个小贴士，就是街拍的时候，大多数人对较小的相机不会有那么严重的恐惧感。在外景拍摄时，请确保阳光不会直射你的镜头。

在研发过程中的某个特定的阶段，摄影也是极其有用的，它能帮助你产生灵感，并通过立体的形式来实现。当在人台上用面料做立裁的时候（详见第114页），把试验的每个阶段都拍成照片也是很好的练习，之后就有记录可以回顾了。

当记录探索和实验时，照片加上注释，提供了一个可靠的参考源。

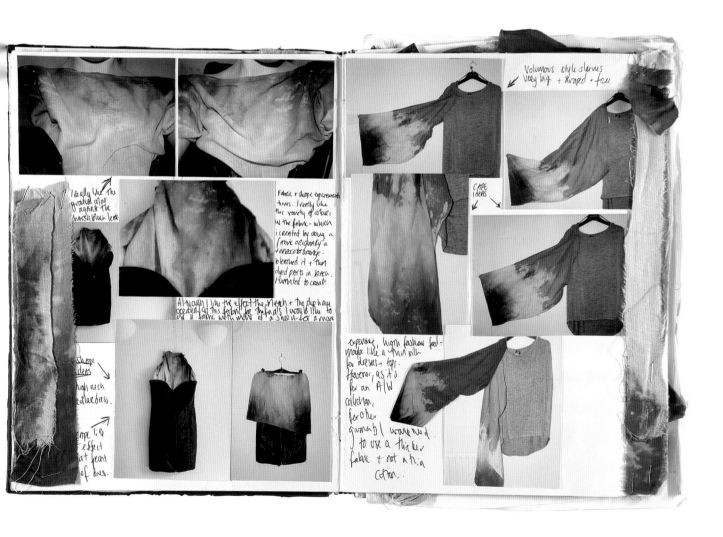

复印

在不同的打印纸和硫酸纸上复印，会产生很明显的不同程度的透明和不透明的图像。

如果想把二手调研的资料加到速写本里，你会发现复印很方便。但是，原始图片和黑白的复印件会使你的速写本开始看起来像一个剪贴本。幸运的是，有几种方法不仅可以避免这些，还可以做出能启发你和其他读者的速写本。

通过减小或增大图片的尺寸来试验效果，并考虑使用彩色以及黑白打印。将图像裁剪一下而不是用整张图片，这样也有助于做出不同的效果。

你可能还想测试不同类型的纸张。有各种各样的纸张可供选择，而因为这些纸要能通过复印机，所以不能太厚或纹理太深。

（1）复印文本和黑白图像，用标准的复印纸就足够了。因为纸是有毛细气孔的，所以彩色复印的墨容易渗透过去。

（2）光亮的/亚光的打印纸是标准的照片纸。这种纸的质量可以打印出很好的颜色效果。

（3）用来包装包裹的棕色纸有成卷的，也有一张一张的，并可裁剪成任何尺寸。

（4）硫酸纸是透明的，可以用来复印。透明的纸有助于在速写本里做成一个有趣的区域，做重叠的视觉效果时非常有用。

拼贴

拼贴是通过将一些不同的物品或材料排列在一起，如报纸、照片和面料，然后把它们一起粘到一张纸上。要充分考虑构图、大小、并置，来创造一个能在视觉上启发灵感的拼贴作品。拼贴可以覆盖整张纸，也可以是页面里相互独立的元素，并留有足够的空间供观察性绘图、评价性注释和最初的设计灵感。

当探索尺寸、轮廓和比例的各种可能性时，拼贴画是一种既方便又快捷的方法。在复印件上减小和扩大图像的尺寸也很方便。

练习：

用第一手和二手调研的资料，比如照片、绘稿、样张和复印件，做6种不同的能启发时装灵感的拼贴画。实验和探索尺寸、形式、肌理、细节和比例的可能性。自由发挥，不受既定的想法限制，对你的想象力不要设置任何界限。

左图

这个拼贴本记录了在人台上做坯布试样的廓形和结构。

右图

用拼贴画做出的一套服装造型。这种技术可以让你尝试不同的造型，探索比例、廓形和平衡。

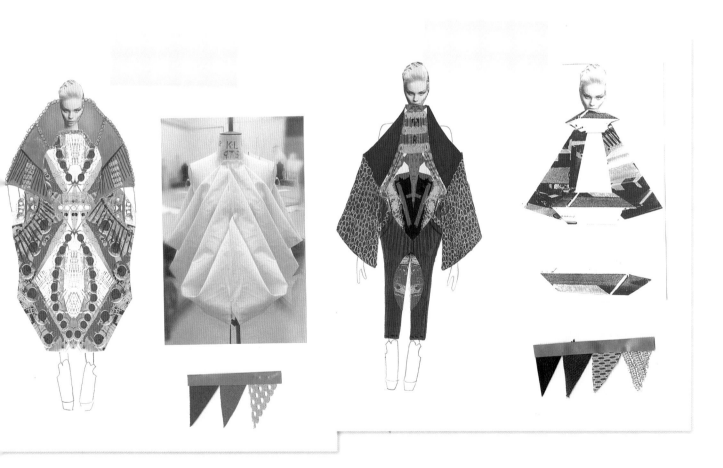

打样和定制

这个褶边原本是衬衣的袖口细节，现在被用于定制的用途，做了三种可能性的尝试。

设计调研不要局限于二维的探索，要经常尝试二维和三维实践之间的相互作用，这种相互作用拓宽了对研究和开发可能性的范围。

随着对三维立体探索的深入，比例、形状和廓形变得更容易确定。打样是一个必不可少的阶段，涉及到对一个特定细节、特征或设计灵感的元素的立体性诠释。它提供了实现设计灵感的机会，看看它是否具有可操作性，或者是否需要你重新回到起稿阶段。

定制是三维探索的另一个例子。它涉及到改变现有服装的一个或几个方面，这种改变可以是很细微的或显著的。这就需要你挑战服装的平衡性。它可以是一个试验阶段，你把不同的组合作为原型，以这个为出发点，就能启发其他的设计灵感。

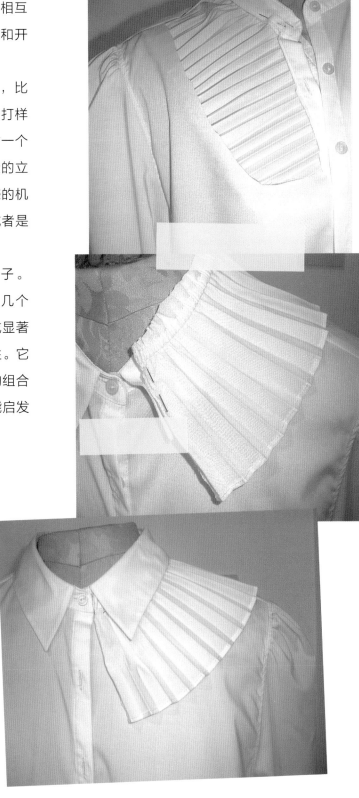

解构

解构意味着要拆开，不论这是个真实的衣服，还是一些现存的想法。衣服被解构以后，可以通过一个实验过程来实现服装的重构。在研究和开发阶段，原型也可以拍照记录，并按类似的方法来诠释。

作为一种意识形态，解构提供了一个方法论的出发点。安特卫普六君子（Antwerp Six）之一的比利时设计师马丁·马吉拉（Martin Margiela）经常使用解构的方法，安特卫普这6位前卫设计师在20世纪80年代都曾在安特卫普皇家美术学院（Antwerp Royal Academy of Fine Arts）学习过。作为一种研究方法，它是对业已建立好的规范的一种挑战。

粗花呢大衣经历了几次解构的过程。现在这件外套的内部细节已经变成了外部设计。

利用解构探索
开襟毛衫的用途和功
能性。

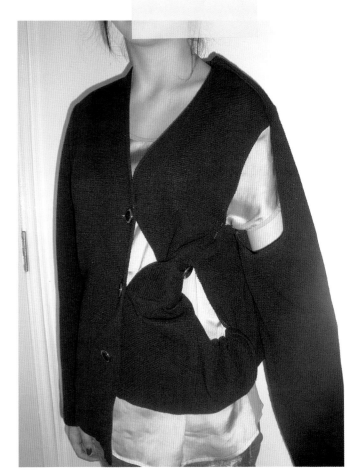

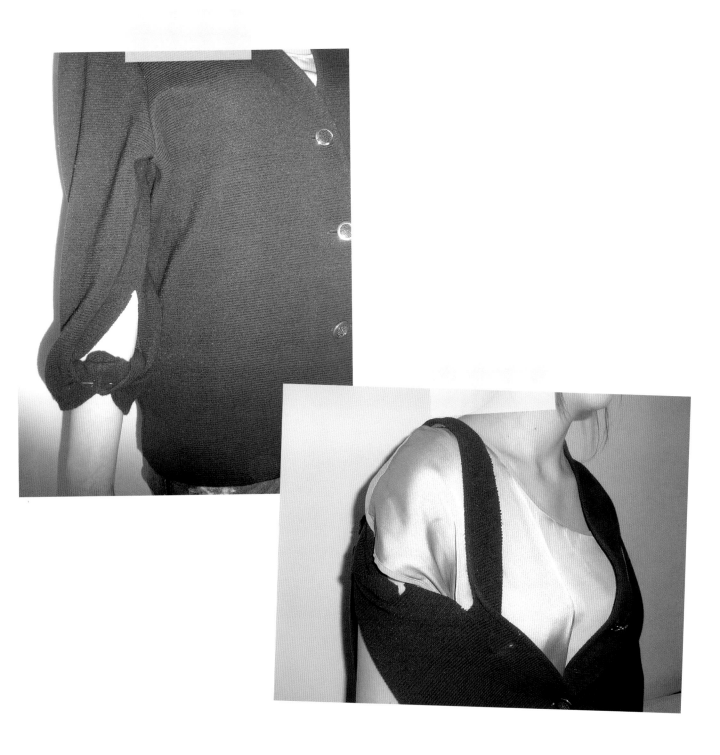

在人台上造型

左图

在人台上造型是一个非常有机的过程；面料的选择往往决定了面料的可造型潜质，面料成分、克重和纹理，是梭织还是针织都是影响因素。对于一个复杂的三维立体问题，相比较平面的版型，这个立裁过程可以提供更快的解决方案。

右图

在人台上操作，能让你对尺寸大小和设计细节的位置进行尝试，看看它们在三维立体的情况下是怎样的。要一直对试验的过程拍照留存，供以后参考。

对一个设计灵感或者面料品质的三维测试，可以在人台上成功地实现，或者通过立裁实现。事实上，有些设计思路没法在纸上进行充分的研究，这种二维形式有很大的局限性，留下了很多悬而未决的问题。立体裁剪在设计开发时可以解决这个问题。版型最终会基于在人台上做好的原型来绘制。

把过程中的每个步骤都拍照记录下来，会对研发过程起到参考作用。

玛德琳·薇欧奈（Madeleine Vionnet）是一位知名的立裁专家，也被称为斜裁的缔造者。斜向剪裁（与直向纹路形成一个角度）能改变织物的特质，使其更加柔顺并略有弹性。薇欧奈受到古希腊艺术的启发，在她的设计里，舒适和易于活动是最基本的要素。她用较长的面料来对立裁和斜裁进行研究试验，表达她对形式、造型和廓形的理解。

格蕾夫人（Madame Grès）是另一位以立裁著称的设计师，通过立裁将面料直接造型成精美的服装。格蕾之前是一位雕塑家，这大大影响了她的三维实现方法。

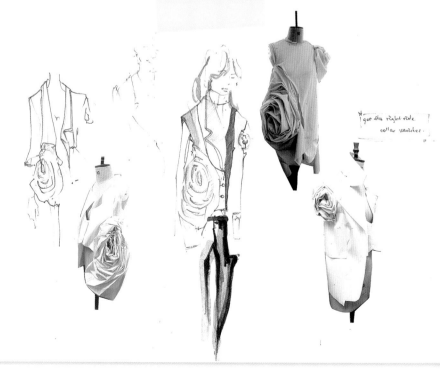

上图

立裁给薇欧奈（Vionnet）的设计增加了柔顺感和空间量感。

下图

通过在人台上造型，格蕾夫人（Madame Grès）设计了一款复杂的多褶连衣裙。

Caption: Madame Grès (1903-1993). Burgundy long dress c 1947. Galliera, musée de la Mode de la Ville de Paris.
Madame Grès (1903-1993). Robe longue bordeaux, vers 1947. Galliera, musée de la Mode de la Ville de Paris.
Credit: A©Roger-Viollet / TopFoto

案例学习

Bless

Bless是一个概念设计品牌，由黛丝瑞·海斯（Desiree Heiss，驻巴黎）和爱内斯·卡格（Ines Kaag，驻柏林）共同创立。她们没有固定的规则，她们的作品也无法归为任何现存的产品类别。她们通常是为自己设计服装，也和阿迪达斯（Adidas）和阿尔法罗密欧（Alfa Romeo）合作开发产品。

Bless的第一个设计系列"No. 00 Fur-wigs"于1996年秋季在I-D杂志上刊登了广告。然后被马丁·马吉拉（Martin Margiela）发现，并聘请她们为自己的1997秋冬巴黎秀设计假发。尽管如此，这两个设计师还是没什么名气。"我们只对我们所做的工作感兴趣，只要Bless这个品牌有名气了，我们的客户和我们周围的人能分享到Bless的产品，我们的价值就能体现了，我们对名气不感兴趣。"

当海斯和卡格都还是服装设计专业的学生时相识，她们早期的作品都一直围绕着时装。但到了1999年，她们对时装有点厌倦了，开始对打扮人体以外的事情感兴趣了，继而有了"No. 07 Living-room Conquerors"的设计，包括三种不同的chairwears、一个ta-blecare和一个doorflair。从此以后她们一直在设计多功能男女通用的服装和功能性产品。

事实上，她们说，从一开始她们都在质疑整个时装行业，开发、生产、销售和把衣服穿坏的步伐和我们对未来想象的宣言的预期并不匹配。

本着对传统的服装设计开发方法的摒弃，海斯和卡格也避免画速写。他们的设计过程并没有一般的规则，"有时我们的设计来自于一次谈话，有时是一封电子邮件，有时是某件衣服或者别的东西，有时候是一个朋友的愿望，或者只是我们尝试要解决的一个问题。"

"我们觉得最活跃的时候是我们思考如何简单地点亮每天的生活，对我们而言是最重要的，是质疑旧的习惯、打破成规、打破原来的消费行为。"

海斯和卡格并没有把她们分处不同的地方作为设计开发的障碍。"我们的伙伴关系是由相互深深的赞赏所维系的，不论是私人还是工作方面的，都一起分享。他们来自德国南部，相同的背景意味着我们有相似的价值观，主要通过电子通信，能保证快速和清晰的沟通。我们也在德国卡尔斯鲁厄教产品设计，所以我们可以经常见面，在开发季期间，我们会在巴黎或柏林会面，举办展览的时候会一起工作。我们不在乎地理环境，而且我们能受益于各自所的不同的地理位置。"

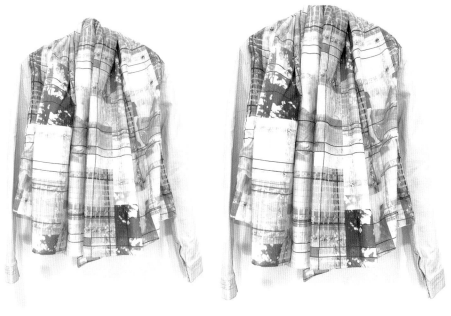

6.

第六章 面料调研
Fabric Research

　　有的设计师以面料作为设计开发的起点，而有些设计师则是在稍后的阶段才开始找面料，这取决于哪些内容能对他们的设计灵感起作用。不管你是采用哪种方式，对于面料悬垂性和面料特性的理解是必不可少的。本章着眼于天然的、合成的和混合面料，并说明如何选择和采购。

面料的重要性

上图
克里斯汀·拉克鲁瓦
(Christian Lacroix)以不
拘一格和大胆地使用面料和
色彩著称。

下图
三宅一生(Issey
Miyake)通过面料改造,让
聚酯面料更具吸引力。这里
使用的缩皱处理给面料增加
了新的趣味性。

服装设计有赖于面料的支持,如果没有面料,我所了解的衣服和时尚是不存在的。一个服装设计师需要全面掌握面料的知识架构,就好像一个雕塑家要知道如何使用泥土,才能达到最好的效果。根据面料每平方米的克重、光泽、肌理和耐用性来做决策,是服装设计过程中不可或缺的。但是,对面料适用性的理解不是与生俱来的,而是在你积累了更多的版型裁剪和缝制的经验后逐步建立起来的。

面料对于服装的整体效果,有着巨大的影响。例如,经典的雨衣和一个李维斯(Levi's)的茄克。传统上前者使用涂了橡胶的布制成,后者是用牛仔面料,都具有耐穿性、功能性和适用性。如果这些衣服是用真丝欧根纱来做的,他们的效果又将大大改变。面料还可以极大地改变一个服装的廓形。如果这些衣服是用真丝雪纺来做,就很难实现其在传统上的造型。

上图

中间的这张照片不仅启发了面料的五彩缤纷彩色系列，也影响了对面料的选择。右边的面料小样丰富多样，从闪亮的到毛茸茸的不一而足。

下图

面料小样都可以贴到设计开发图里。从搭配上来看，要考虑这些面料小样的位置。把面料贴在旁边随时可以触摸，也有助于开发过程。

纤维和面料

面料零售商通常会有很多面料存货，如果你找不到需要的面料，可以向他们询问。如果你能描述你所需要的面料品种，销售人员往往可以给你些有帮助的建议。

右页图

不同织物具有不同的特性，这将影响服装的外观和手感。羊毛毡（上图）下摆的边缘裁剪得很干净，没有散开虚边，挺括且柔韧。棉（中图）具有良好的耐久性和实用性，易于染色和洗涤。醋酸纤维面料（下图）外观很奢华，手感挺括，悬垂性好，易于染色和印花。

面料是有很多纤维组成的。这些纤维被纺在一起而形成一个连续的纱线，而后被机织或针织成面料。纤维的来源多种多样，但纤维分为两个不同的类别：

天然纤维：来自动物或植物纤维。

合成（人造）纤维：面料可以由天然的、合成的或混纺的纤维（两种或两种以上不同纤维混纺）。

花点时间熟悉不同的纤维可以增强你对不同特征面料的认识。

用三种不同的面料（羊毛、棉和醋酸纤维）做三条同款的裙子，凸显了选择正确的面料对于设计的重要性。每一条裙子看起来完全不同，面料的光泽、悬垂性和密度都对服装的廓形和美观度产生了影响。

羊毛裙的荷叶边很硬，虽然能保持形状，但是动感不好。棉裙挂起来还不错，但整个裙子的肌理太平淡了。醋酸纤维面料做的裙子的荷叶边能保持形状，而且也不蓬松。裙边活动的时候发出沙沙的声音，并且当光照到褶皱上时，面料的光泽会产生不同的色度和色调。

你对于面料选择的决定将取决于你的概念/主题/故事，以及最终款式的面料搭配。

羊毛

棉

醋酸纤维

天然纤维面料

上图

纯棉衬衣面料因织造方式的不同，可以做成牛津布、人字斜、细平布或府绸。

中图

羊毛粗花呢因为抗湿性和耐用性好，所以经常用作外套。

下图

亚麻因其凉爽性通常用于春夏的服装上。亚麻一般可以用作男装和女装单品，比如裙子、短裤、长裤和茄克。

天然面料是完全来自天然的纤维，例如，动物毛、动物皮、植物、种子或蚕茧。所有这些除了动物皮，天然纤维是细长的，然后纺成长丝、线、纱或者股绳，这都取决于纤维。然后再经历编织、针织、粘贴或消光来生成面料。

天然面料要追溯到古代。亚麻植物，提供了用于制作亚麻面料的纤维，该纤维用于生产面料已经超过3000年了。古埃及人将尸身用亚麻布做的寿衣包裹成的木乃伊放置于坟墓中以使其不腐。

棉、丝绸、亚麻和皮革是当今使用最广泛的天然织物。它们的性质各不相同，但它们的透气性都很好，吸汗性好，有助于减少身体的气味，并减少过敏反应。而且完全可以生物降解，特别是如果是有机种植的，则更加环保（详见第三章）。

100% 棉

100% 纯羊毛

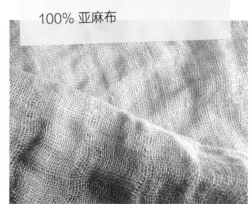

100% 亚麻布

上图

山本耀司2013秋冬系列的褶皱服装。羊毛华达呢经常出现在他的设计作品中。

下图

由亚历山大·麦昆（Alexander McQueen）的设计总监莎拉·伯顿（Sarah Burton）为凯特王妃（Duchess of Cambridge）设计的结婚礼服，用象牙色的透明丝绸缎加蕾丝贴布绣。

人造纤维面料

首位创造人造纤维面料的人是瑞士化学家乔治斯·奥德马尔（Georges Audemars）。他于1855年获得"人造丝"面料的专利。然而直到40年后，使用由法国人夏尔多内（Hilaire de Chardonnet）发明的制造工艺，人造丝才第一次实现商业化生产。而同时，在英国，科学家们正在开发生产黏胶纤维的方法。美国黏胶纤维公司（American Viscose Company）于1910年开始生产黏胶纤维，其制成的面料在1924年被命名为Rayon（人造丝）。

使用醋酸纤维来生产面料，最早是由美国人Arthur D. Little提出，并于1924年由塞拉尼斯公司（Celanese Corporation）开始投入商业化生产。尼龙（当时被称为"神奇"纤维）是20世纪30年代在杜邦（DuPont）实验室由美国化学家华莱士·卡罗瑟斯（Wallace Carothers）开发的。到了1938年，它开始用于商业用途。尼龙的发展有赖于第二次世界大战，当时从亚洲进口丝绸和棉花到美国几乎是不可能的事，所以需要找到替代品。

人造纤维的创新仍继续提供了产品的多样性，比在自然界中能发现的品种多得多。用仿丝质的涤纶或者氨纶来做衣服，占了相当大的市场份额。这些都是合成材料的好处，他们现在用来制作高性能产品，从超强吸水尿布和手术服，到人工器官甚至是空间站的建筑材料。

智能面料（植入数字元件和电子设备的纺织品）也证明了纺织技术的创新水平。可以给手机充电的衬衣，保暖的衣服，太阳能比基尼以及更多可能成为日常的用品。"隐形斗篷"灵感来自于哈利波特（Harry Potter）丛书，新加坡和美国以及各国的科学家们正在进行开发并使其成为现实。

上图
　身穿由氯丁橡胶涂层的尼龙和镀铝尼龙制作的宇航服的水星7号（Seven　Mercury）宇航员。

下图
　三宅一生以擅长使用面料改造而著称。通过在打褶机上加热涤纶面料来实现面料褶皱的效果。

混纺面料

混纺面料是由两种或两种以上不同的纱通过纺纱、机织、针织或多种织造方式而制成的。这个类别细分为很多品种，市场上出现了更复杂的纤维混纺产品。混纺面料集合了个体纤维成分所有的优点。例如，越来越多的纤维与弹性纤维混纺以提高易保养性和舒适性，涤纶和棉混纺以后提高了吸湿水平。用黏胶纤维与棉混纺，大大提高了柔软性和美观度。

还有很多混纺提高面料性能的例证。看一看你衣服上的那些标签，你就能开始了解混纺这个大家族。

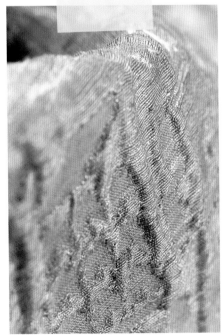

织物术语

下列词汇涵盖了经常使用的关于纤维和面料的术语。尝试建立你自己的术语列表。养成经常看服装标识的习惯，在笔记本上记录所有关于面料成本的信息，连同你对于该面料手感和基本性质的描述。这样你就会逐渐编辑出你自己的综合词汇表。

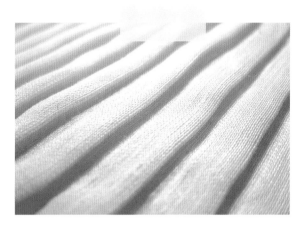

醋酸纤维（Acetate）:
一种由纤维素（来源于木浆）与醋酸混合而制成的人造纤维。它可以生产出挺括且光亮的面料。

腈纶（Acrylic）: 一种耐用的仿羊毛面料，于20世纪40年代由杜邦公司开发。它很柔软而且便宜，不会收缩。

羊驼毛（Alpaca）: 一种来自羊驼的天然动物纤维，羊驼属于骆驼家族。它是一种很奢华、柔软和温暖的纤维，光泽类似于羊绒或马海毛。

安哥拉兔毛（Angora）:
一种来自安哥拉兔毛的纤维。它非常精细、轻柔和蓬松。

竹纤维（Bamboo）:
一种耐用的天然纤维，吸湿性和透气性都很好。

混纺面料（Blend）:
两种或两种以上的纤维混合起来的面料性能更强，如耐久性、舒适性和抗污性；混纺面料生产起来可能也更经济。

细羊毛（Botany）:来自澳大利亚美利奴羊的高品质细羊毛。

驼绒（Camel Hair）:
一种非常奢华的开司米纤维。它来自于骆驼定期脱落的绒毛。很柔软、厚重和耐用。通常用作茄克和外套。

羊绒（Cashmere）:
来自开司米山羊的绒毛，可用于生产轻质豪华的纤维。

棉（Cotton）: 一种来自于棉花种子的天然纤维。具有较好的透气性、舒适性和易清洗性。

绉纱（Crêpe）: 扭曲的纤维形成了起皱的手感。可以用从天然或人造纤维来织造。绉纱没有光泽，手感很干燥。它可以做成各种不同重量和透明度的面料。

泡泡纱（Crimp）: 由天然或人造卷曲的纤维制成。

双面针织（Double Knit）: 该面料由两层毛圈面料针织形成一种厚重的面料。

弹性纤维（氨纶，Spandex）: 一种由弹性纤维制成的面料，该纤维在被拉到五倍长度后，可以恢复到原来的形状。与天然纤维混纺可以增加弹性。

弹性（Elastic）: 纱线或织物具有拉伸的能力。

这种褶皱面料是由亚麻和真丝混纺而成的，把羊毛加到亚麻里混纺，可以加强亚麻的抗皱性。

压花（Embossing）： 这是通过加压把雕花压辊上的花纹转移到面料上的一种制作工艺，面料上出现浮雕的花纹。

毛毡（Felt）： 通过将多层纤维压制成一个紧实的无纺材料。因为没有纱向，毛毡可以从任何方向剪裁。

亚麻（Flax）： 用来织造亚麻面料的一种植物纤维。

箔（Foil）： 一种很柔韧的常用在氨纶或其他弹性面料上金属薄膜。

吉朗毛（Geelong）： 从美利奴小羊羔剪下的超细绒毛。

轧棉机（Gin）： 从棉种子里提取棉纤维的机器设备。

大麻（Hemp）： 大麻可以达到6米（20英尺）长，它的纤维既长又坚韧，是做梭织面料的理想材料。

衬布（Interfacing或Interlining）： 衬布为服装的某些局部提供了额外的一层。它们主要用来加固、增加保暖性、耐用性和保型。

汗布（Jersey）： 这是针织服装或面料的一个类别。汗布可以由各种天然或者人造纤维制成，具有较好的拉伸性、稳定性和抗皱性。

黄麻（Jute）： 黄麻是富含纤维的植物，其纤维被用来织造表面有粗糙手感的平纹面料，该面料也被称为粗麻布。

木棉（Kapok）： 该植物纤维来自生长在美国中部和南部的木棉树的种子。它浮力大，防水性好，通常被用作床垫、家具装饰品、枕头和茄克的填充物。

针织（Knitting）： 这种织造工艺把经向和纬向的线圈通过串套而形成面料。经向的线圈呈水平排列，而纬向的呈垂直排列。

蕾丝（Lace）： 一种通过针织或成圈将纱织成中间有孔的装饰性面料。

羊羔毛（Lambswool）： 从尚未断奶的羊羔身上剪下第一次的羊毛，主要用于制作高档面料，因为它很软、暖和、柔顺以及耐用。

金属丝（Lamé）： 用金属纤维制成的面料，一般用来做晚装。

皮革（Leather）： 对动物皮进行鞣制，这样就很容易染色和做各种后处理，将粗糙的面料做成光滑的效果。

亚麻布（Line）： 由亚麻植物纤维制成的面料，它是多孔的，透气，穿着很凉爽。

织布机（Loom）： 用于生产梭织面料的机器。

卢勒克斯（金银纱，Lurex）： 一种用涤纶和气化的金属铝制成的金属纤维品牌。

莱卡（Lycra）： 由杜邦公司注册的氨纶品牌。

丽塞尔纤维（Lyocell）： 来自木浆的人造纤维素纤维，属于人造丝类。它有很好的悬垂性，很轻、透气、柔软，光泽很柔和。

丝光（Mercerization）： 最早在1844年由John Mercer开发的技术，可以把棉面料的表面处理得很光很亮。

美利奴羊毛（Merino）： 来自澳大利亚的美利奴羊的羊毛，据说是世界上最好的羊毛纤维。

网眼布（Mesh）： 一种多孔的网状织物。

超细纤维（Microfiber）： 一种人造混合纤维，将很细的涤纶和锦纶纤维混纺制成。

莫代尔（Modal）： 一种由山毛榉纤维素纤维制成的面料。具有良好的抗皱性、抗褪色和抗起毛起球。

马海毛（Mohair）： 该纤维来自安哥拉山羊的长毛。特点是强度高且耐用。

尼龙（Nylon）： 一种耐磨的热塑性纤维，由杜邦公司在20世纪30年代开发。它弹力好、耐用、强度大且易染色。

帕什米纳山羊绒（Pashmina）：
纤维来自产于中亚的Changthangi
或者帕什米纳山羊柔软的绒毛。

绒头（Pile）： 竖立在梭织底
布上的纱。为实现丝绒或灯芯绒，绒
头需经过整理、修剪而成形。

股（Ply）： 为了增加纤维的密
度和重量，用一根以上的长丝先拧在
一起再织造。两股说明是两根长丝加
捻；三股表示是三根长丝。

涤纶（Polyester）： 来自聚
合物的一种合成纤维。它的保型性
好、强度高、抗皱。

聚氯乙烯（PVC）： 一种人造
的防水面料。

苎麻（Ramie）： 取自苎麻植
物的一种纤维，和亚麻很类似。

人造丝（Rayon）： 是一系列
人造织物的总称，都是由再生纤维素
制成。人造丝的悬垂性很好，且手感
柔软。参见"黏胶"。

真丝（Silk）： 来自蚕茧的长丝
纤维。强度大、光泽度好，主要用于
制作高档服装。

麂皮绒（Suede）： 类似天鹅
绒的表面的一种皮革。

合成纤维（Synthetic）： 人造
的，不是来自动物或植物的纤维。

天丝（Tencel）： 一种来自
木浆的纤维素纤维制成的面料。它
具有丝绸般的品质，很柔软、悬垂
性好。

乙烯基类聚合物（Vinyl）：
一种由PVC制成的仿皮面料。

黏胶纤维（Viscose）： 一
种再生纤维。虽然是人造的，但是
不算是严格意义上的合成，因为它
来自植物（木浆纤维素）。它具有
良好的悬垂性、柔软度并且手感爽
滑。也被称为人造丝。

梭织（Weaving）： 在梭织
机上通过将经纱和纬纱一上一下交
织的一种织造工艺。梭织技术影响
了面料的强度、弹性、光泽和重
量。

羊毛（Wool）： 毛纱是来自
各种动物的毛纤维，如绵羊、山
羊、骆驼和美洲驼。羊毛面料的性
质基于织造方法，从羊毛华达呢到
羊毛绉纱，品种可以多种多样。

纱（Yarn）： 一个经常可以
和纤维互换的术语。它可以是天
然的或合成的长纤，或几种纤维
加捻而成。

面料采购

面料可以通过很多途径获得，这包括贸易展览会、纺织工厂、面料加工批发商、代理商、进口商、库存商、库存批发商和零售商。作为一名学生，你项目中使用面料大多都是来自零售商。然而，如果你能接触到面料工厂或者其他渠道，你也可以与他们建立联系。你还可能为你的毕业设计找到面料赞助商。这可能是完全免费的，或者对于以前的库存面料，你可能拿到很大的折扣，偶尔也可能拿到现货。

作为一个设计师，建立与面料供应商的良好关系是非常必要的。有许多供应商可以选择，所以选择那些可靠的，有竞争实力的，一直都能保证质量和交期的供应商。

纺织厂

纺织厂生产梭织或针织面料。纺织厂通常都会有自己的专攻强项，可能是某个特定的面料品种，也可能是某种织造工艺。虽然他们会要求起订量，但是在没有中间商的情况下，他们提供的面料最具有价格竞争力。然而，最低的生产量并不是一个固定的数字，而是会根据工厂和国家的不同而各异，因此应该经常关注。

纺织厂热衷于展示他们在面料产品上的创新，所以设计师会与面料设计师、纺织厂一起合作，为他们的设计系列开发独特的面料。

代理商

代理商，或者中间商，在季节性流行循环中起着重要的中介作用。他们作为纺织厂的代表在国内和国际的交易会向设计师和买手展示他们最新的面料系列。他们还监控本地和国际的订货和交付。他们并不持有面料库存，但是能够提供大块的布样来展示面料的系列。每种面料都会提供不同颜色的色卡装订在一起，可以对整体的情况一目了然。

进口商

进口商从国外的面料厂以批发的数量购进面料，然后以各种批量出售。进口商的服务有效地减少了文化差异，比如语言障碍，而且他们对汇率的波动有很好的把控。他们还协助处理所有运输和进口关税相关的文件。

批发商

批发商出售从面料厂购进的面料存货。你需要记住的是，对于每一种面料，他们的库存都是有限的，一般都是先到先得、售完即止的原则。他们通常会给学生一些优惠，比如学生购买面料可以没有起订量的要求。

面料加工批发商

染厂从面料厂购进大量的未漂白的和未染色的面料（坯布），然后由其他公司加工成成品（比如进行染色或印花）后再出售。与面料厂不一样，面料加工批发商操作的数量很小，所以更灵活。他们也和面料设计师、服装制造商合作以保证加工出来的面料很时尚。

库存批发商

库存批发商专门经营多余的库存，他们帮助面料厂和服装厂处理多余的面料库存，因此能以非常有竞争力的价格卖给各种各样的下游客户，从摊贩到零售小店。

零售商

因为在零售商那里可以小量地购进面料，所以是学生的最佳选择。但是成本却较高，有时会卖到批发价格的三倍。不同的零售商有不同的利润水平，这都反映在各自的价格上。

面料的选择

开始做一个设计项目的面料调研是一个浩大的工程；当你置身于堆满各种各样的面料店里，你会无所适从，比如：

（1）从哪里开始研究？

（2）如何能知道你选择的是合适的面料？

（3）对所有你感兴趣的面料你都要求提供小样了吗？

（4）你有做出明确的选择吗？

（5）你需要多少面料？

练习：

尝试面料的手感对于了解面料类型至关重要。这个练习可以在自己的衣橱进行。每周花一个小时去研究下自己的衣服。观察、触摸和试穿一下。把每种面料的手感和悬垂性的描述写在笔记本里以供研究。研究面料成分标上的任何相关信息，把你的发现和描述性说明都记录下来。重复这个练习直至把你所有的衣服都研究一遍。

面料的选择是一个主观的和有机的过程；设计师对一块面料会有本能的反应。然而，这种本能的反应一般是基于经验，从以前的成功和失败的经历中学习，以至于对面料的选择有了一个直观的感受。同时，运用合适的面料调研的方法会引导你完成整个过程。

在店里的时候，你应该把重点放在两个方面——概念和颜色系列。随时带着速写本，你就可以做一些初步的研究，或收集能总结你设计系列思想的一些视觉图像。不断地参考你收集到的图像，并问自己以下问题，可以把重点放在你的研究上：

（1）这是为哪个季节设计的？

（2）这是一个男装还是女装系列？

（3）什么类型的面料比较适合我的概念/主题/故事？

（4）什么类型的面料比较适合我的设计廓形？

（5）我需要多少面料来为我的设计系列增加趣味性和凝聚力？

（6）我需要用什么颜色来确定色调？

（7）这种纹理的面料和闪亮的面料搭配起来怎么样（这个问题可以应用到任何面料的选择）？

上图
　设计开发板展示了
考虑使用的面料布样。

下左图和下右图
　这些图像被用来营
造一种氛围，反映在织
物和颜色的选择上。

右页图
上图
意大利佛罗伦萨
Pitti Filati面料展会
的一个展位。

下图
法国巴黎第一视
觉面料展（Première
Vision）。

收集和储存的面料样品

在系列设计时，享受将面料进行组合的乐趣。没有规则可循，即使有，规则是用来被打破的。最好不要有太多先入为主的想法。留有可探索和试验的空间，你会有更好的机会创造一些新鲜的东西。

大多数面料店每天只会给您提供三种布样。因此，多去几次这些店很有必要。尽可能多地收集你认为会有用或者你很确定会使用的面料样品。有些商店可以销售最少20厘米（8英寸）的面料。这个尺寸大小的面料比面料小样让你更容易了解面料的悬垂性、重量等，但这样会增加成本，如果你的预算允许的话可以这样做。

从店里或者市场上买来的面料小样和一定长度的面料也能用来组建你自己的面料库。面料应按照纤维类型分类以便于查找。要记录下这些面料样品的成分，因为随着纺织科技的进步，有时很难依靠触摸来辨识纤维。

面料展会

面料展会为购买和销售下一季的各种类型的面料提供了一个集中的场所。他们是时尚活动的一个重要组成部分，吸引着国际设计师和买家。

香港国际时装材料展（Interstoff Asia Essential）、意大利米兰女装面料展（Idea-como）、法国巴黎第一视觉面料展（Premi-ère Vision）是其中最负盛名的展览。香港国际时装材料展每年3月和10月在香港举行。意大利米兰女装面料展每年的2月和9月在米兰举行，时间上紧跟着伦敦高级成衣秀，是世界上最重要的面料展会。

在面料展上，面料厂的销售代表会向专业设计师和买手展示面料样，希望他们订购一定长度的面料样品，然后再下生产订单。法国PV展在展览的最后两天面向本科生和研究生开放，由导师带着学生持赠票入场。在面料展的最后几天，一些面料厂会愿意赠送一些面料样品和产品目录，所以很值得一问。

最近有个翻天覆地的变化，较小的博览会让面料制造商有更大的灵活性。不论是允许面料制造商在计划时间外来展示样品，还是提供更独特的场地，比如酒店套房，这些较小的交易会越来越受欢迎，吸引了越来越多的国际关注。

安娜·瓦莱丽·哈绪（Anne Valérie Hash）

安娜·瓦莱丽·哈绪于1995年从巴黎时装工会学校（Chambre Syndicale de la Couture Parisienne）毕业，并开始在很多知名的时装品牌实习，如莲娜丽姿（Nina Ricci）、蔻依（Chloe）、克里斯汀·拉克鲁瓦（Christian Lacroix）和香奈儿（Chanel）。这些宝贵的经历让她了解了高级时装的现实状况，从高级定制的客户试身到协助T台秀。"我学到很多，并真正地开始了解这些是如何运作的。"

哈绪成名的首秀是2001年的春夏成衣系列。她独特的风格演绎了一个新版本的高级时装，充斥着当代的感觉，与时代接轨。有趣的是，尽管当时得到了媒体的热议，但是她的作品一件也没有卖出去。而现在，全世界已经有超过120家零售商向这个品牌订货，而且有很多一线明星喜欢这个品牌，比如凯特·布兰切特（Cate Blanchett）、格温妮丝·帕特罗（Gwyneth Paltrow）、乌玛·瑟曼（Uma Thurman）、妮可·里奇（Nicole Ritchie）和娜奥米·沃茨（Naomi Watts）。

哈绪的设计方法是以探索男装的解构和重构过程为中心的，因此创作出了美丽、清新、优雅和女人味很浓的女装。对于面料发挥的作用，她说"我爱蕾丝、男士羊毛西服面料、棉和丝绸。我喜欢把蕾丝和带有阳刚的面料组合起来使用，或者用丝绸搭配棉的面料。我喜欢使用对比强烈的面料。喜欢面料和活用面料对我来说很重要。当我触摸面料的时候，我就爱上它们了。但是我的工作也意味着要各种剪、剪、剪。

哈绪剪开、撕裂、解构服装和面料，然后重构服装和一些细节，比如出自一条普通男裤的双层领。"阴柔和阳刚的风格是我的"初恋"，剪裁里还会加一点浪漫主义。我喜欢'性感的摇滚女孩'（Sexy Rock Chick）里性感的审美。"她经常尝试不同的比例，并把服装内部的一些细节特征用做服装外部的元素，比如接缝、包边和里布。通过她独特的视角，解构变得既有诱惑力又很实用。哈绪评价自己的设计方法时说："当一开始，我并不知道我想找什么。这就像是一个游戏，我喜欢各种未知的偶然性。然而，现在我更清楚地知道，我所要寻找的东西是什么。"

当开始创作时，哈绪的灵感缪斯是一个13岁名叫Lou Liza Lesage的女孩，是她朋友的女儿。使用青少年这样一个小体型的框架，给她的创造性探索提供了更高的自由度，"当你把成人号型的服装穿在她身上时，你可以把衣服改小，并且更容易做一些比例上的尝试，而你无法在一个成年人身上这样做。

2008年1月哈绪正式成为法国高级定制时装协会（Chambre Syndicale de la Haute Couture）的会员，并被授予高级时装设计师。哈绪对这个荣誉感到很自豪，她将自己的品牌与其他的品牌（如Chanel和Dior）加以区别，"我喜欢定制的思想，只要我有时间，我都一直在做设计，因为做定制很花时间。定制已经进化了，新一代正在涌现出来。

上图
2013春夏高级成
衣系列

下左图和下右图
2013秋冬高级成
衣系列（正面、背面）

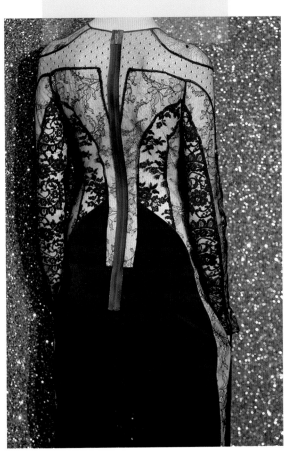

7.

第七章 色彩调研
Colour Research

对于任何服装系列的设计而言，色彩调研都是必不可少的。本章着眼于色彩理论和色彩术语，这样你就可以信心十足地运用和探讨颜色了。手把手地指导你如何创建一个调色板，同时也教你如何选择可以支撑你的设计概念/主题/故事的颜色。

色彩

我们生活在一个彩色的环境中，不论是自然界还是人造的世界里，色彩对我们生活的影响往往是很微妙的，我们没有意识到它的存在。然而，没有色彩的世界将大大影响我们对周遭的环境了解。

大量研究证实，色彩具有改变我们情绪的能力。某些颜色，如黄色，可以提高我们感知的方式，而灰色会有相反的效果。蓝色和绿色，因为与大自然有联系，已被证实可以降低血压，而红色则会使血压升高。有些颜色因其强度可能会吸引某些人的注意，但也会因为相同的原因另其他人敬而远之。

对于任何物体，色彩是首先能吸引人注意力的。事实上，它的优先度要比形状或细节高。婴儿和儿童在受到鲜明的对比色刺激时显得更敏感，这些颜色可以帮助他们提高学习能力。正是从这个人生的早期开始，我们的视觉语言和对世界的初步认识慢慢出现了。

色彩与服装

色彩调研对于服装设计很关键。为一个系列开发色调是在研发的最早阶段开始的。在设计过程中，通过探索和实验的过程，对颜色进行斟酌、并置、改变、编辑和选择。

时装是有季节性的，色彩的使用也是如此。设计师把重点放在创"新"上，其中色彩起着很大的作用。所有的事情都能启发一个色彩系列，比如摄影、旅行、自然艺术品、电影、绘画、大自然、复古的纺织品和色彩预测，来源可以说是无限的。气候变化也会产生重大影响。人们往往（因文化差异，对色彩的感知也不尽相同）在秋冬季偏爱暗色和温暖的色彩，因为这些颜色的蓄热能力。在夏天的时间段，浅色很受欢迎，因为他们可以阻断热量。

对色彩基础理论的理解将使你作为一名设计师做出正确的选择。你可能想在设计系列里表达和谐，并决定使用柔和微妙的色调，将有助于实现这个效果。或者，你可能对传达一种张力的元素更感兴趣，并决定选择相互冲突的颜色。或者，你也可能在这两个极端之间探索任何一种可能的选择。

左图
亚历山大·麦昆（Alexander Mc-Queen）在2003春夏系列的裙装设计中使用了明亮的引人注意的颜色。

右图
索菲娅·可可萨拉齐（Sofia Kokosalaki）在2006春夏系列中使用了柔和的淡色调。

色彩理论

光是电磁光谱的一部分，这是一个广泛的振动能量。自然界白光的组成中只有一小部分的光谱是肉眼能看见的。1666年物理学家艾萨克·牛顿爵士（Sir Isaac Newton，1642-1727）发现白光实际上是一系列的颜色组合——即紫色、靛蓝、蓝色、绿色、黄色、橙色和红色。牛顿发现当白光照到棱镜，这些颜色就被折射分离了，导致白色的光被分离成光谱，或者彩虹。

当光与由视杆细胞和视锥细胞组成的视网膜接触时，颜色就可以被人觉察到。视杆细胞能够分辨黑白，视锥细胞能够观测到红、蓝与绿。获得的数据随后被传送到大脑并被解码，然后我们就看到了颜色。

在过去的几百年，一些色彩理论家已经探讨过这个问题，这些都是值得研究的：

Leonardo da Vinci（1452-1519）；

Moses Harris（1730-ca. 1788）；

Johann Wolfgang von Goethe（1749-1832）；

Philipp Otto Runge（1777-1810）；

James Clark Maxwell（1831-1979）；

Michel-Eugène Chevreul（1786-1889）；

Ogden Rood（1831-1902）；

Ewald Hering（1834-1918）；

Albert Munsell（1858-1918）；

Wilhelm Ostwald（1853-1932）；

Johannes Itten（1888-1967）；

Alfred Hickethier（1903-1967）；

Josef Albers（1888-1976）；

Faber Birren（1900-1988）；

Frans Gerritsen（1953-2012）。

从国际照明委员会（Commission Internationale de l'Eclairage或International Commission on Illumination）也可以获取有用的信息，这是有关色彩知识的最高权威结构。

这些理论家的探索创立了三个基础的色彩系统：减色、加色和区分颜色系统。

减色法适用于颜料的混合，比如在绘画的时候。一个物体的颜料可以吸收某些波长的光，并反射其他的光。反射光的波就形成了我们看到的颜色。当颜料混合，物体吸收更多的光，反射的光越少。加色法适用于彩色光的组合，并用于舞台灯光和电视。区分颜色系统参照观者对相邻颜色的反应。下一部分将探讨分别代表这三个基本系统的色环。

上图
普林（Preen）2005
春夏系列

下图
三宅一生（Issey
Miyake）2005春夏系列

色环

色环提供了一种说明色彩结构的方法，帮助我们了解色彩是如何反应以及以及互动的。然而，在创意产业里不同的从业者使用不同的色彩系统，所以一个大的色环无法满足他们不尽相同的需求——所谓"众口难调"。

例如，画家使用减色系统来创造画上的不同颜色。对于颜色的位置，他们还参考区分颜色系统。摄影师使用加色系统探索照片的颜色（色调）和明暗（值），区分颜色系统有助于图像里对颜色的反应和相互作用。

1. 色相环

色相环是减色系统的一个应用，解释了颜色混合所产生的结果。在这里，原色是红、黄和蓝；它们是不能通过混合其他颜色来获得的。原色可以用来混合，创造色环上其他的颜色。

将两原色混合就产生了二次色（绿色、橙色和紫罗兰，或紫色）。绿色是蓝色和黄色相混合的结果，橙色是红色和黄色混合产生的结果，紫色是由红色和蓝色混合出来的。用原色与相邻的二次色混合就形成了三次色。三次色是介于原色和二次之间的过渡色，比如，当蓝色和绿色混合，就形成了蓝绿色。在色相环所代表的理想化模型中，当所有的原色混合在一起，就成了黑色，但是在现实生活中，因颜料的缺陷使得这个不可能实现。

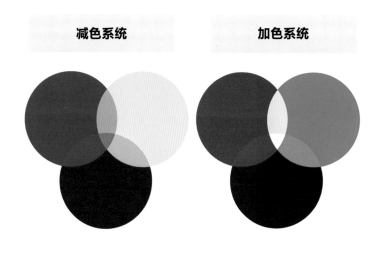

减色系统　　　加色系统

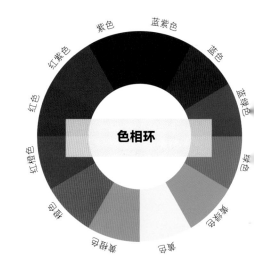

色相环

紫色　蓝紫色　蓝色　蓝绿色　红紫色　红色　绿色　红橙色　橙色　黄橙色　黄色　黄绿色

2. 光环

光环解释的是加色系统。它着重于解释光线是如何放射以及透明颜色如何反应。光环上的原色不同于色相环上的原色，这里是红色、绿色和蓝色。白色是由所有原色混合起来形成的，而黑色表示完全没有颜色。二次色（黄色、青色和品红）是分别用红色和绿色、绿色和蓝色，以及蓝色和红色搭配混合而成的。这种色彩系统适用于视频和计算机图形。

3. 孟塞尔色相环

孟塞尔**色相环**（由Albert Munsell创造）遵循的是区分颜色系统。它广泛应用于创意和商业领域，比如室内设计、化妆品和计算机硬件。该色环由五原色（黄、红、绿、蓝和紫）组成。在色环上，这些原色存在于与后像感知的结合。这个过程是，当你一直盯着某个特定的颜色看之后，你的大脑会提供相反的（或补充）颜色作为反应。后像是在对一个原色长时间观察后在视觉上产生的二次色，然后该颜色会以短暂的白色中断。

长时间观察红色的后像是蓝绿色。蓝绿色也是红色的互补色。黄色的后像是蓝紫色，绿色的后像是红紫色，紫色的后像是黄绿色。这些颜色在蒙塞尔色相环上都处于相对的位置。

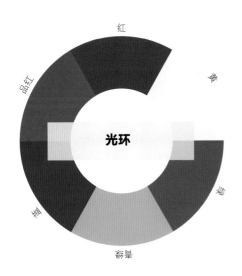

色彩术语

熟悉相应的色彩颜色术语将进一步提高你对色彩的理解。如之前所述，原色、二次色、三次色和互补色因使用的色彩系统不同而有所变化。色相环（减色系统）是服装设计师主要使用的色彩系统，在以下术语中会涉及到。

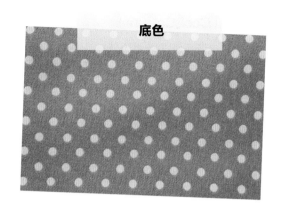

底色

原色（Primary Colours）： 红色、蓝色和黄色，是不能由其他颜色混合而成的。

二次色（Secondary Colours）： 绿色（黄色与蓝色的混合）、橙色（红色与黄色混合）和紫色（红色与蓝色混合）。这些是由两个原色混合的结果。

三次色（Tertiary Colours）： 由原色与相邻的二次色混合而成；三次色显示出的效果介于原色与二次色之间。

互补色（Complementary Colours）： 互补色在色环上位于彼此相对的位置。互补色的搭配会呈现出很有活力的效果，例如，红色和绿色，橙色和蓝色，或黄色和紫罗兰。

和谐色（Harmonious Colours）： 这些颜色在色环上的位置紧密相邻，例如，红色和紫罗兰色，或蓝色和绿色。

近似色（Analogous Colours）： 近似色在色调中营造和谐感。他们在色环上彼此相邻。

互补色

近似色

冷色（Cool Colours）： 不同色阶的蓝色和白色就是冷色。冷色往往来自于自然现象，如大海、雪、水和天空以及与冷有关的现象。

暖色（Warm Colours）： 自然也给暖色提供了参考点；红色和黄色能唤起对火、阳光和温暖天气的联想。

中性色（Neutral Colours）： 米色、橄榄绿、卡其色、灰色和棕色都是中性色。它们都是基于三次色。

柔和色（Subdued Colours）： 添加了黑色、灰色、白色或者互补色使得颜色没那么活跃。产生的颜色的色阶因此上升或者下降，比原色显得更深或更浅。

底色（Ground Colours）： 这是用来表现图像背景主体的色相、色度或色调。

强调色（Accent Colours）： 色彩倾向很强烈。

颜料（Pigment）： 用于制造绘画颜料、墨水和染料的彩色粉末。

色相（Hue）： 某种颜色的属性，例如绿色、紫色和黄色，是独立于明度或强度的属性。

强度、饱和度和浓度（Intensity, Saturation or Chroma）： 颜色的强度水平由其纯度和色彩饱和度决定。例如：红色（高强度）、粉红色（低强度）。

明度（Value）： 色相的明暗程度。例如：橙色（亮），棕色（暗）。

色域（Gamut）： 一种特定的设备或一套颜料（基于此，色域会产生变化）能准确复制的色彩范围。这解释了在电脑屏幕和印刷纸上的颜色差异。

明色（Tint）： 用白色来混合一个颜色就成了明色。

色阶（Shade）： 用黑色来混合一个颜色就产生了色阶。

色调（Tone）： 用灰色来混合一个颜色就产生了色调。

灰色（Achromatic Greys，非彩色）： 将黑色和白色混在一起的结果。

灰色（Chromatic Greys，彩色）： 某种色相的低饱和度灰色。

灰度（Greyscale）： 在计算机术语中，图像的灰度表示图像由不同色调的灰色组成。

单色调（Monochromatic）： 只有一种色彩的色调范围，例如：棕褐色效果的照片是棕色调。

对比色（Contrasts）： 在色环上相对的颜色，当配置在一起时会产生强烈的对比效果。

调色板（Colour Palette）： 在服装行业，一个设计系列里所使用的颜色范围。

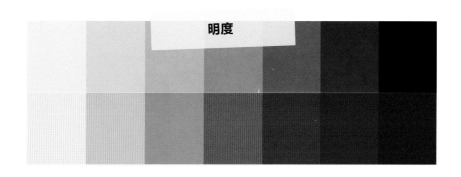

明度

颜色认知

普鲁士蓝、淡黄绿、深绿色、南瓜色、腮红、船绿色、蘑菇色、靛蓝、粉红色、灰绿色、灰褐色、波斯红、浅黄褐色只是庞大色系中的几个例子。彩色作为一个形容词有强大的影响力，无论是用来区分服装或描述颜料的色相差异。

对色彩的感受是非常主观的。变量对于色彩是如何被感知的有着巨大的影响，比如在什么光线下，日光、荧光灯还是电光。同时，一种颜色所处的环境也很重要，色彩所处的环境不一样，看起来也会不同，例如，与深色搭配而不是与浅色搭配，或者搭配色环上相对的颜色而不是邻近色，这些因素都会影响色彩。一块彩色面料的表面也会对颜色的效果产生很大的影响，因为不同的表面吸收和反射光波的能力不同。例如，黑色麂皮，会显得比黑漆皮更黑；前者吸收更多的光波，而后者反射更多光。

色彩的沟通

我们对于颜色的主观认知是一个劣势，因为在任何领域的行业里，都依赖于颜色的精确度，服装行业也不例外。在一个设计系列里的不同服装产品通常是在不同的工厂加工生产的，有时候是不同的国家——这取决于不同的条件。那有什么可以保证纺织厂、设计师和零售商都是参考完全相同的颜色系统呢，比如遇到"烟草色"或"钴蓝色"这些颜色名？出错的可能性很大，因为诸如色彩感知、主观理解、光线和面料品种等变量对于一个色彩的实际体验有着相当大的影响，而只靠颜色的名字是远远不够的。

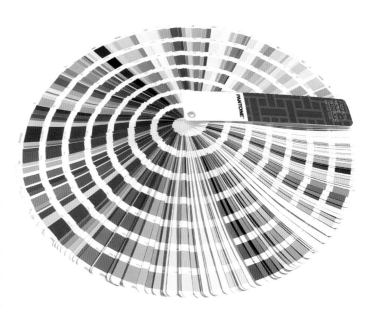

在服装供应链的各个不同环节，良好沟通至关重要。标准色彩参考系统也是很重要的。在服装和纺织行业使用了几种色彩分类系统，最流行的是PANTONE®潘通（时尚和家居）色卡和SCOTDIC国际纺织品标准色（Standard Color of Textile Dictionnaire Internationale de la Couleur）系统。这两个系统均来自蒙赛尔色环，把重点放在了色相、明度和纯度上（参见第147页蒙赛尔色相环），并将大量的颜色编制成册，每个颜色编码供精确地识别和匹配。

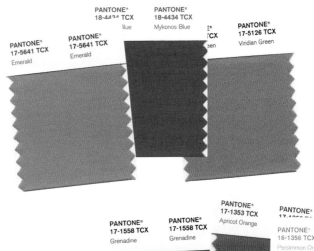

如何创建一个调色板

速写本中的面料小样重现了左边图中的色调变化。在设计开发中的某个时候，这些色彩范围将缩小。

调色板是指在一个服装设计系列、一幅绘画作品、一个室内设计以及类似的作品中专属使用的一系列色彩。创建一个调色板是很有趣的；花时间以随意的方式试验色彩是非常好的做法，往往会产生新颖的和令人兴奋的色彩组合。时装关乎创新，所以在某个颜色和其他颜色组合时，该颜色在明暗、色调或强度上的细微差别都必须要不断地重新审视、推翻、评估和重新搭配，以保证一切都具有现代感。

在本书前面的章节中提到过，一个优秀的设计师需要保持对环境敏感并不断地被启发。颜色很少是孤立地被感知，但他们通常都与其他颜色相邻。日常生活中我们周围的色彩组合总是丰富多彩的，但在调研中，他们也应该受到挑战，获得新的视角。

在你尝试创建一个调色板时，你自己的色彩库也可以提供一个不错的起点。这个色彩库可以由不同颜色的物体组成，只要能给你启发。你可以一直不断扩充这个色彩库，在编辑每个新的调色板时，带着全新的视角来审视这些颜色。

一个设计系列的调色板是和该系列的情绪和感觉有内在联系的。比如，创作灵感来自于马戏团，可能要求这个调色板要表达一种乐趣、活力和兴奋的感觉。另一方面，一个纯色系列可能只是单一的颜色的细微变化。在这种情况，你需要尝试用这些有细微差别的颜色来设计一个能有效使用的调色板。

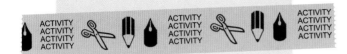

练习：

创建一个色彩库供以后参考，并设计一个存储和归档系统，便于浏览。内容可以根据你的目的来选择，可以包罗一切，从样张到面料样品、纱线、明信片或者某些物品。

一个衰败城市的景观和室内的涂鸦无意中启发了一个关于光和微风的调色板。

手把手教你创建一个调色板

有几种不同的方法来创建调色板。下面的步骤列出了其中的一种可能的方法：

（1）你能在你收集的第一手和二手调研图像中识别出重复出现过的颜色吗？把这些做上记号，整理好放在一边；

（2）列一个清单，把描述你设计系列的概念、情绪、主题、故事或灵感的话写来下；

（3）列一个色彩清单，把你认为能总结概念、情绪、主题、故事或灵感的颜色列出来（不要忘了，这是你对于事物的个人理解）；

（4）寻找那些可以作为色彩参照的材料，比如面料、自然艺术品、纱线、剪纸和颜料（颜料可以用来自行创作颜色），可以从你的色彩库开始，把这些收集整理好，放在一边；

（5）颜色也可以使用各种染色的方法来得到；

（6）把你在第一手和二手调研的能代表概念、情绪、主题、故事或灵感的颜色汇集起来；

（7）开始动手吧；

（8）为进一步的想法参考色环，探讨如何将和谐色、近似色或互补色应用到你现有的颜色中；

（9）在你的设计系列中，决定使用多少颜色：颜色太多会导致设计系列太繁杂，而颜色太少会显得没有生气，设计系列需要凝聚力；

（10）对各种颜色组合的主题进行手工拍摄和归档；

（11）将较成功的主题从不太成功的中间分离出来；

（12）把问题先放一放，留到后面再解决，或者在休息的时间再回顾一下这些主题，这样你就留有一些空间，以待后面以全新的视角来审视，然后再做决策；

（13）调色板会不断发生变化，正如设计在项目调研和开发阶段也会不断调整一样。这个变化的过程很重要；当调色板在有机地变化时，设计效果最佳。

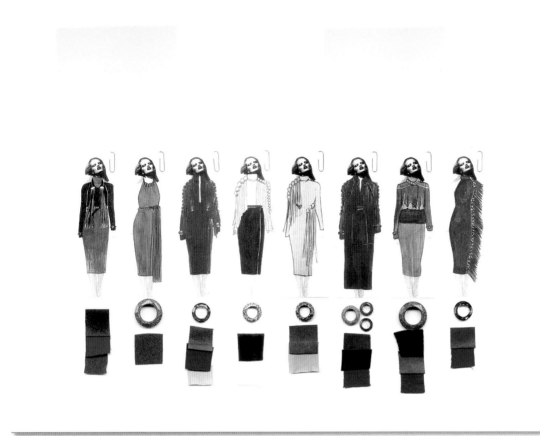

上图
　　将一个设计系列里所使用的颜色都展示出来。面料样品和彩色的辅料细节表明这个设计学生正在寻找合适的颜色。

下图
　　调色板可以由含蓄的色彩组成。

色彩分配

最重要的是你要特别注意在一个设计系列里的色彩平衡性。色彩平衡让这组服装有了凝聚力，而不是分散的。色彩分配也有助于强调设计系列的概念、情绪、主题和故事。以黑色和白色的调色板为例。关于这些色彩如何分布，概念如何传达，有无限多种可能性。这两个颜色的平衡一方面有可能唤起布里奇特·赖利（Bridget Riley）在20世纪60年代的欧普艺术，也有可能参考哥特亚文化，以白色为辅助色。

色彩分配不应该留到最后才做，而是应该贯穿于设计的全过程。所有的服装都应该是互补的，组合在一起形成一个整体，整个系列的效果大于各个部分的总和。

贯穿于整个设计系列的调色板和色彩分配受到个人品味的影响。过去的一些关于颜色搭配的规则，比如海军蓝不能与黑色搭配，或者白色不能与奶油色搭配等等，现在都被打破了。只要你有眼光和品味，任何颜色都可以搭配在一起。

不过，也要注意服装颜色对于肤色的影响也很重要。有些服装颜色会让人看起来不讨人喜欢，显得面色苍白，像生病了一样。这方面的知识对于你在设计系列里的什么地方用哪种颜色可能会有影响。所以对于这些颜色，你要选择远离面部的地方来使用，例如用在裤子或裙子上，或作为强调色，尽可地少用。

上图

一旦你创建了调色板，下一步就是探索在设计系列里如何合理的使用这些颜色。对于这一系列的10套服装，提出了两套色彩分配的方案。

下图

一个系列6套衣服，每套展示了3个角度，色彩的平衡使设计系列的协调感和凝聚力加强。

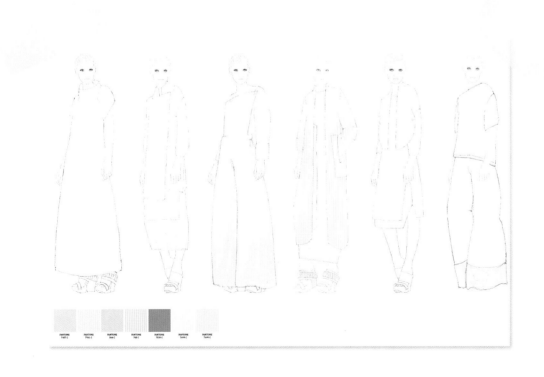

色彩预测

设计师和设计公司的种类繁多。有些倾向于通过自己的积极研究来开发他们自己的调色板，而另一些则参考专业的色彩预测公司发布的色彩趋势预测来开发调色板。

色彩预测机构的角色是基于对社会和文化活动彻底地观察和理解之上，提前2年对消费者和市场的情绪偏向或者调色板进行预测。服装行业必须用哪些颜色并不由色彩预测机构来决定；他们只是收集两年内关于色彩的销售数据和对色彩的态度变化来预测顾客有可能会购买哪些颜色的产品。

全球性的色彩趋势预测大会每年在美国和欧洲举办两次，与会者都是世界领先的色彩咨询机构。这些咨询机构，如英国的Color Group和International Colour Authority（ICA），美国的Color Marketing Group（CMG）和美国色彩协会（CAUS），基于他们多年的经验、强大的观察能力、隐含的理解力以及销售数据来做预测。举个例子，色彩预测者知道社会经济的波峰和波谷对色彩会产生影响。在紧缩的传统时代，忧郁的颜色是受欢迎的，而在更繁荣的年代，亮色、充满活力和有趣的颜色更受青睐。

巴黎第一视觉展（Première Vision）每年在巴黎举办两次，为下一季开发展示色彩和面料的流行预测趋势。染色公司通常会提前零售销售季两年来准备预测色彩的货品。对于服装而言，颜色也有时尚之分，有些颜色更具持久的生命力，而有些则是一种风潮，转瞬即逝。秋天的色彩通常在秋冬系列中出现，而柔和的色彩通常出现在春夏季。

案例学习　　　　　　　　艾尔丹姆
　　　　　　　　　　　　（Erdem）

艾尔丹姆·莫拉里奥格鲁（Erdem Morali-oglu）是在加拿大蒙特利尔的郊区出生和长大的，他的母亲是英国人，父亲是土耳其人。他还记得在童年时，他为双胞胎妹妹的玩具娃娃设计和制作蓝色小礼服，这也为后来成功地走上服装设计这个职业生涯播下了第一粒种子。

莫拉里奥格鲁后来搬到多伦多，在瑞尔森大学（Ryerson University）学习服装设计，毕业后他决定搬到英国，一个充满历史和大家庭的地方，对他来说，这具有浪漫主义色彩。他在伦敦的薇薇安·韦斯特伍德（Vivienne Westwood）品牌公司实习，在那里他有机会近距离了解一个偶像级品牌每天的日常工作。然后在2001年，他开始在皇家艺术学院（Royal College of Art）攻读女装设计硕士学位，并获得英国文化协会（British Coun-cil）奖学金。"在RCA完成我的硕士学习是一个非常重要的体验，因为在那里，我才真正作为一个设计师，我到底是谁。"

从RCA毕业后，莫拉里奥格鲁马上便被Di-ane von Furstenberg公司抢先签约，随后便搬到纽约。然而，在纽约一年之后，他决定重返伦敦开始经营自己的服装品牌。2005年艾尔丹姆（Er-dem）品牌参加著名的Fashion Fringe设计比赛，并获得了一等奖，并获得了在伦敦哈罗兹百货（Harrods）和Ashley百货公司开店的机会。

艾尔丹姆（Erdem）品牌现在已在全球知名的商场畅销，并受到高端客户的青睐，如蒂尔达·斯文顿（Tilda Swinton）、西耶娜·米勒（Sienna Mill-er）、桑迪·牛顿（Thandie Newton）、美国第一夫人米歇尔·奥巴马（Michelle Obama）、英国第一夫人萨曼莎·卡梅伦（Samantha Cameron）、科洛·塞维尼（Chloe Sevigny）、凯拉·奈特利（Keira Knightley）、凯特王妃（the Duchess of Cam-bridge）和克劳迪娅·希弗（Claudia Schiffer）等。莫拉里奥格鲁说，"女人是强大且阴柔的。女人很聪明、独立并遵循自己的信念。她自己来把控前进的节奏。"

在精致的印花图案中对色彩的运用是这个品牌的标志性特征。色彩与其他元素并置在一起就好像是偶然为之，而仍然能够实现和谐与均衡。他说，"我相信作为一个设计师，创造你自己的独特性是最重要的，这样别人就会认出你来。色彩和面料都是独特性的一部分，而且我还在我的作品中加入了手工的成分，比如刺绣或精致的手工蕾丝。"

在孩提时代，莫拉里奥格鲁就很迷恋蓝色，并拒绝穿其他颜色的衣服。虽然他的调色板现在越来越丰富，但对色彩的激情并没有减弱，"我喜欢并尝试各种颜色；这是我作为一个设计师所做的很重要的一方面，有些颜色我从不害怕尝试。我总是发现黑色要比其他颜色更难用好。有很多原因让我倾向于用各种颜色。我喜欢对比，所以每一季节的色彩趋势往往是以前设计系列的一个反映。例如，在2012春夏系列使用了柔和暗淡的色调，然后秋冬系列主要使用了强烈饱和的宝石颜色。"

上左图
2009秋冬系列

上右图
2012秋冬系列

下右图
2011秋冬系列

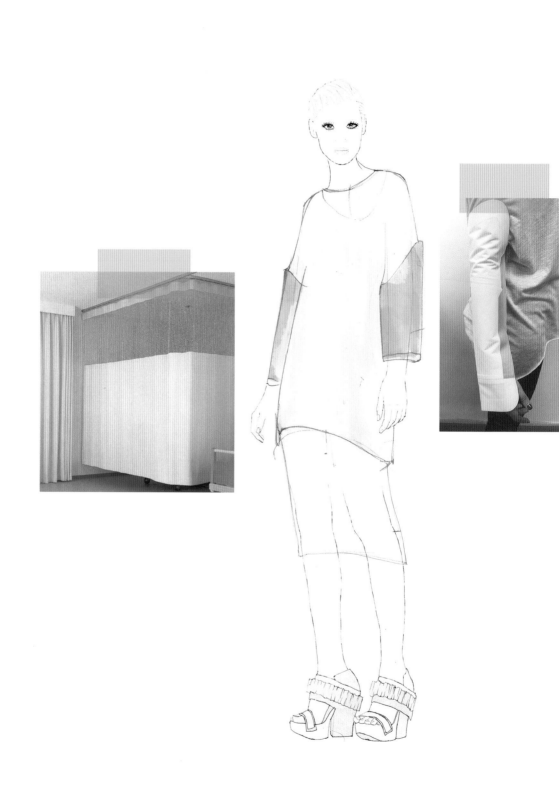

当你收集了所有有关创意和信息方面的研究资料后，你需要有一个策略来充分利用它们。本章探讨如何使用三角剖分法来引申出你的设计理念，如何分析和甄选它们。我们也会着眼于情绪板的制作和设计开发过程，并为你的作品集制作展示完稿。

三角剖分法

这两件服装的设计是在大篷车和红色的面料样品之间做三角剖分的结果。大篷车外立面的波纹表面启发了右边服装的印花设计。

三角剖分，指的是利用两个或两个以上的渠道来验证一条信息。在视觉研究，三角剖分是有关整理第一手和二手调研的图像，并发现会其发出最初设计理念的联系。好的三角剖分是显而易见的，最初的设计理念带来几种思路，所以两个或两个以上的来源是至关重要的，和你的速写本应该显示开发过程的证据。依靠单一的来源产生了一个数据编号图像的方法，调研的所有视觉元素都被直接复制、转移并不加改变的整合到一个最初的设计理念中。

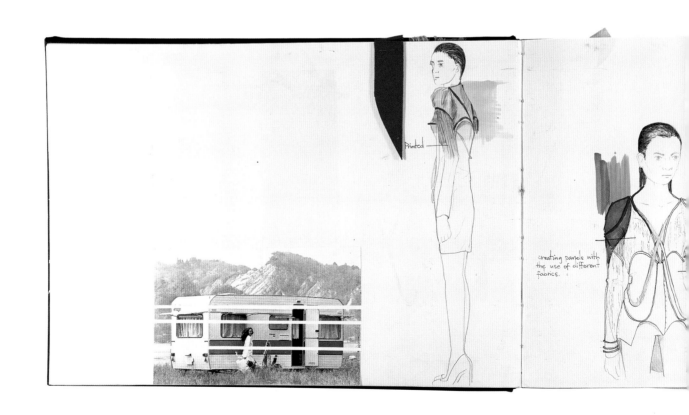

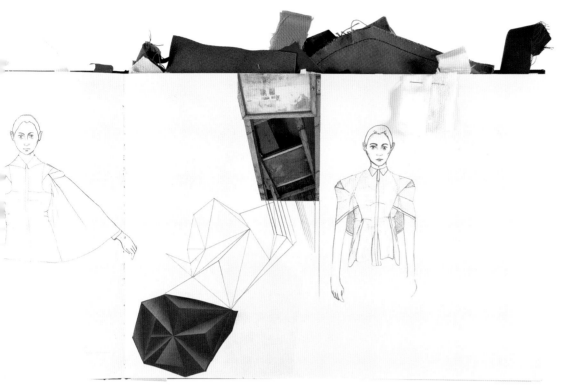

上图
　　这个设计创意受几何图像的很大的影响，不论是袖子轮廓的细节还是拼缝和省道，这些在衬衫的主体上巧妙地创造一种几何图形的感觉。

下图
　　这些页面展示了最初的设计对雕像的服饰和纽结图等元素三角剖分的探索。

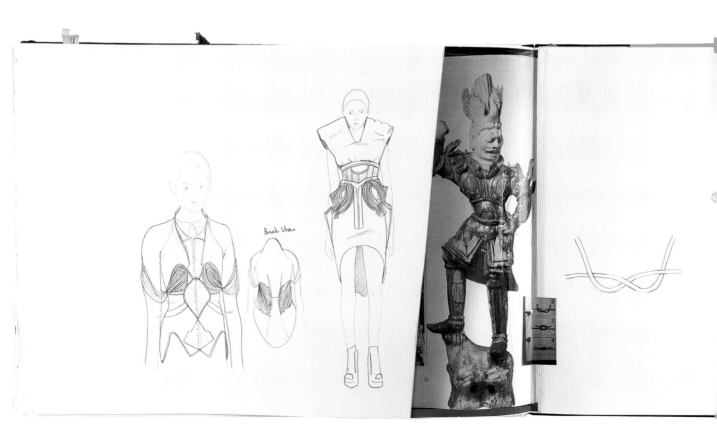

速写本里这些页面显示了对用来破坏面料的一系列程序的研究。面料是设计中非常重要的组成部分，研究面料的特质和耐久性将使你做出更合理的选择。

1. 调查性的方法

调查是一种彻底的检查，通过查询的过程来显示信息。调查的方法将帮助你发现研究的层次，使你能对主题有更深入的探索。探究隐藏在表面下的那些复杂的区域，可以大大有利于你最终设计的完整性。

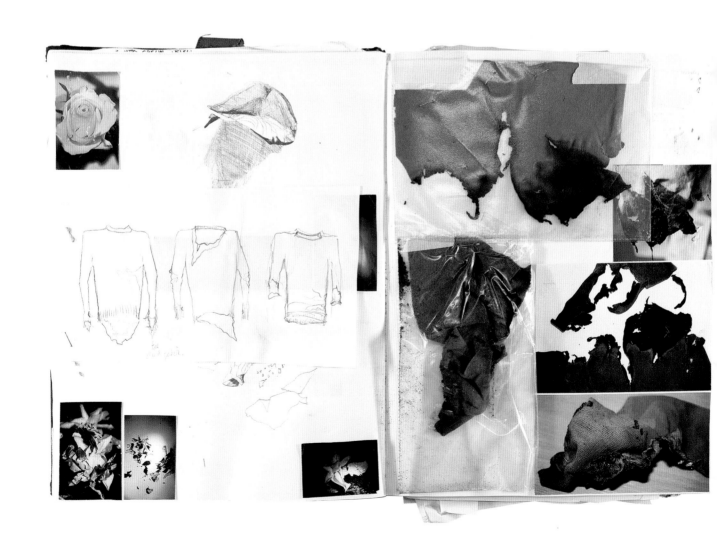

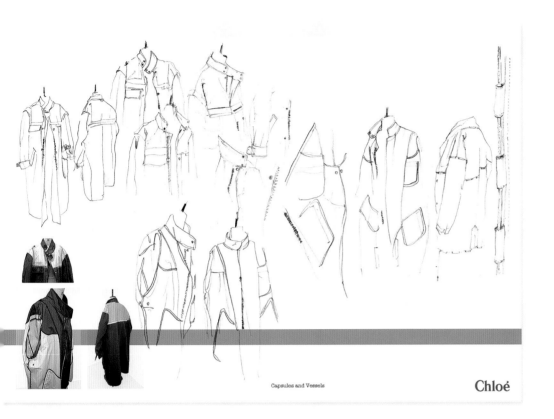

上图

对服饰进行写生，这是一个研究服装合体性及面料悬垂性的最佳途径。画现实中的衣服能帮你理解立体的服装。

下图

这些页面展示的是对条纹使用的调研，探索将面料折叠、打褶和缩皱时条纹的变化。当考虑在设计中使用条纹时，宽度和方向是关键因素，所以深入研究是合理应用的关键。

Capsules and Vessels

Chloé

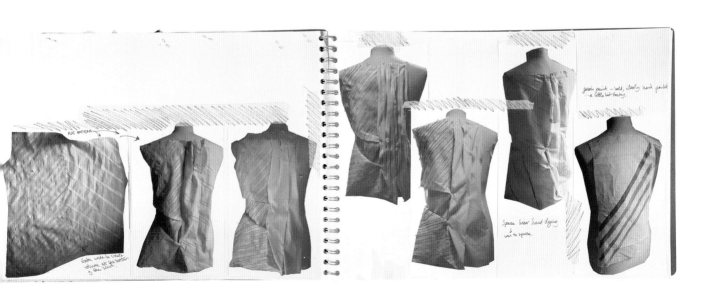

2. 图像间的互动关系

寻找调研图像间的联系是一个有用的并且有益的活动。这种联系是关于建立不同图像间互补的元素，包括辨识对立的元素（并置）。这两种做法都会拓宽设计的可能性。在收集调研图像的早期阶段，先不要把它们贴到你的速写本里。先花一点时间来评估收集的图像；通过将相似和对立类型的图像摆在一起，新的调查领域就可能展开了。你的研究图像差别越大，所表现出的设计可能的范围就越广。

3. 最初的设计反应

为调研目的选择一个图像总是有原因的；一定程度的兴趣驱使着你。这个兴趣可能是积极地或者消极的。你不需要喜欢你所选择的所有图像；最主要的是你能够从中挑出用得上的。这可以是一个特定的色调，一个织锦细节的复杂设计，或是一个廓形。从理论上说，每一个被选择的图像都应该能引起一个设计反应。

当图像的选择分布在速写本的整个页面上，图像间的联系为最初的设计反应创造了空间。即使这只是服装的某个部分或细节的灵感，以素描的形式做个笔记，最好再配一些注释。

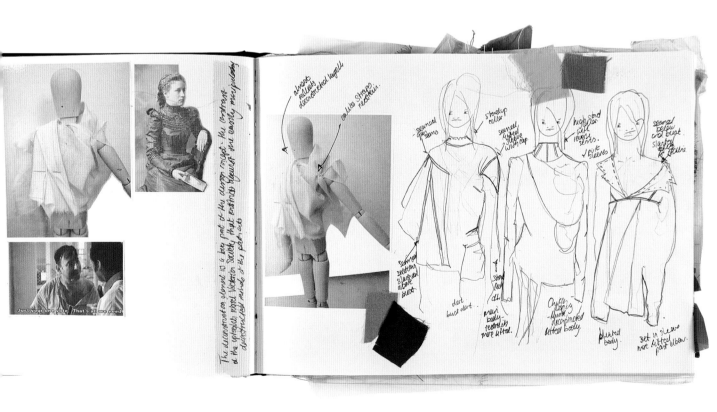

上图

这些页面展示了一个扎着细辫子的男人照片对设计稿产生的影响。这些细发辫经过改造，成设计中重要的流苏细节。

下图

一张建筑图片上的大幅度曲线，启发了很多的设计反应：一个服装的立体形态，通过一个整体的大幅度曲线，形成一个不对称的服装。图中的一些速写尝试了一些用于衬衣设计的曲线设计可能性。

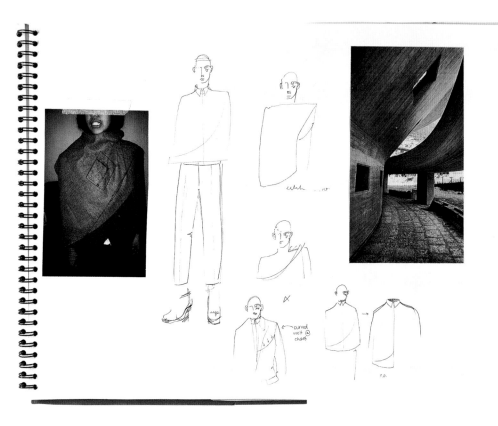

分析

下图与右页图

这些页面显示了对体量和合体度分析的过程。把一件尺码过大的衣服穿在同学身上来操作，可以提出很多种提案建议，通过评价注释来分析，然后在最初的设计稿上实施。

分析是将事物分解成其组成部分，并弄清楚各个部分。要想进行有逻辑的客观分析，你需要保持一定的距离和客观性。要想进行合理的调查，提出正确的问题的过程至关重要，即使你以过于主观的视角来看待这些任务，也不会显得太明显。

分析技巧

设计的本质是解决问题的能力，良好的分析能力会有很大的帮助。提高你的技能，你必须不断地问自己以下问题：

（1）我为什么要这么做？

（2）我希望能找到什么？

（3）结果有相关性吗？

（4）我可以从调查结果中得出什么结论呢？

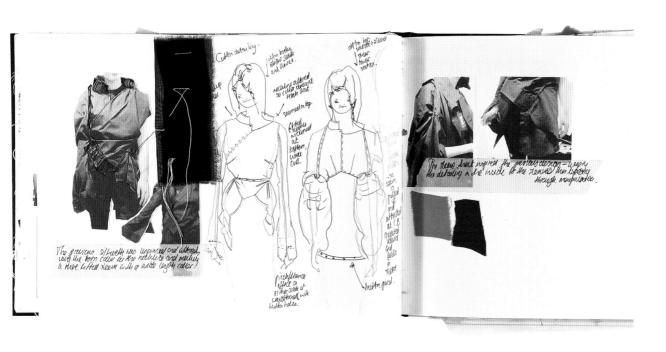

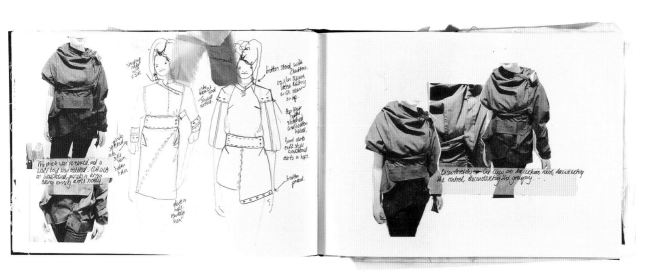

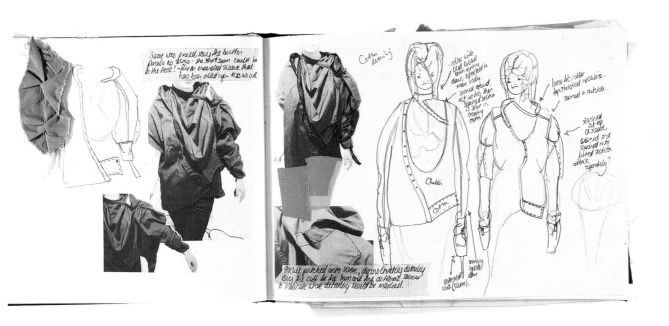

编辑

情绪板是将你速写本里所有现有的调研资料编辑好，能展示你设计项目的概念的全貌。这样你可以一目了然，便于记忆。这种情绪板是利用Photoshop来合成的，并成为作品集的一部分。

正如趋势的概念一样（第三章），"漏斗"这个隐喻对于在设计过程不同阶段的设计和调研的广度和深度进行可视化是非常有用的。

这个漏斗的口很宽，代表在调查的最初阶段收集的所有第一手和二手调研资料。在这个阶段不用编辑，越多越好。最大化所有设计的可能性才是最重要的。当第一手和二手调研资料间的联系开始变得明显，这个漏斗就越变越细。关联已经形成，无论是在思想上还是视觉上，最初的设计理念就形成了。最后，我们到达了"越少越好"的阶段，代表漏斗最窄的地方。在这一点上，你调研一个特定方面被划为为重点。在设计过程的后期阶段都是既窄又深入的。

在调研时做决策有一个做减法的内在过程，称之为编辑。

编辑技巧

并非所有收集到的图像都和手头的任务有关。尽量保持客观，并对自己的作品提问，从而淘汰掉不相干的内容。你为什么会有这个图像？这个是相关的吗？它可以作为调色板、氛围、廓形、形式或者比例方面的参考素材吗？有哪些联系已经形成了？你取得进展了吗？你考虑了最初的设计理念吗？你只是对一个特定的图像感兴趣吗？这是你编辑它的唯一原因吗？

需要注意的是，在编辑过程中有些被舍弃的图像往往能在今后的项目中发挥作用，所以不要完全抛弃他们。

SELECTED
HOMME

上图
　衬衣的款式图已经编辑过了，成功地传达了设计理念。

　下图
　侯塞因·卡拉扬
（Hussein　　Chalayan）
2003春夏系列。在T台上演绎了最初的设计理念。

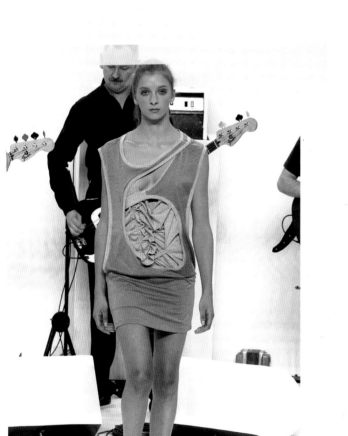

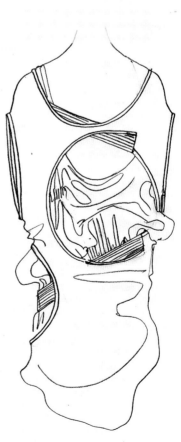

思路受阻时，你该怎么办

上图
当你觉得没有动力的时候，经常去下图书馆，能让你重新焕发活力。

下图
学生的桌子上展示着各种调研的图片。

当你在创意上受阻时，相关的思绪似乎突然停滞，无论是暂时性的还是长时间的，都是非常令人不安的，会产生自我怀疑。然而，值得注意的是，这些阻碍在任何创意行业都可能随时发生。设计很少会一帆风顺地进行到预期的结果；就好比是一个过山车，充满了高峰和低谷。事实上，这些自我怀疑的时期并不总是消极的。他们会提供机会让你重新评估、重新焕发活力、重新连接并重新聚焦。

然而，下次在创意上遇到阻碍时，你可能会想尝试下面这个策略列表。有些人似乎更喜欢拖延的方法，但重要的是在这些时刻让自己沉浸于没有罪恶感、愉快的和轻松的心态中。

（1）坚持。最好能持续进行，如果你放弃了，就会经受这些痛苦、不适或焦虑。毅力可以帮助你释放你思想的潜能；

（2）有效率地利用你的时间，通过转移你的注意到研究设计过程的其他方面；

（3）把事情放一放，或许第二天你会以不同的方式来看这些事情；

（4）刺激你的头脑，听一下音乐；

（5）出去散个步，呼吸下新鲜空气；

（6）去公园里轻松地写生；

（7）补充一些阅读材料；

（8）周末出去散散心；

（9）坐在咖啡馆外面观察路人；

（10）去图书馆；

（11）去健身房锻炼一下；

（12）去洗个澡；

（13）在你的工作空间设定一些规则；

（14）骑一下自行车；

（15）回顾过去的作品；

（16）找个朋友聊聊；

（17）练习瑜伽；

（18）去旧货商店逛逛；

（19）逛街；

（20）参观展览；

（21）去看场电影；

（22）去看场戏剧；

（23）去跳舞。

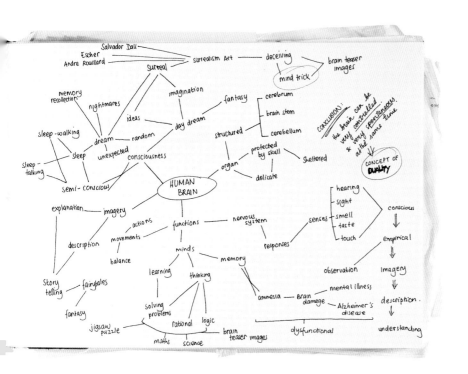

蜘蛛图可以在研发过程
的所有阶段被参考。

我有个问题，就是想法太多，
不知道哪些对我的调研有帮助。
当这种情况发生时，我就停下来，
先编辑整理一下思路，
先按照已有的想法来做，
并展开设计。
——塔米·南界·阿金耶米
（Tami Soji-Akinyemi）

如果我思路受阻，
我会去找一些新颖的图像，
从调研素材里找一些临摹细节，
希望能发现新的设计思路和方向。
——布拉德利·斯诺登（Bradley Snowden）

我总是回到去做面料的工艺和
细节的样品。材料的设计可能性是无穷
无尽的，有时会有新的想法，
重新开启设计开发过程。
——艾谱莉·施密茨（April Schmitz）

我拿些面料在人台上做试验，
直到我获得灵感继续前行。
——爱丽丝·弗恩（Alice Fern）

我经常回顾我的想法
（通常是创建第二或第三思维导图），
只是为了强调整体概念。
因为我有时在开发过程中会脱离最初的
设计概念，这种回顾可以说是一个提醒。
从思维导图中，关于如何看待这个设计概念，
我有时会发现不同的视角。
在人台上做试验也非常有用，
可以了解面料与概念的相关性
并如何支撑这个概念。
——单雅·萨扎利（Danya Sjadzali）

当我开始把几张图片拼贴在一起时，
我就能发现有趣的想法。
——特蕾西·桑普森（Tracey Sampson）

175

情绪板

利用拼贴手法制作出了这些具有启发性的组合图。黑白图像有不同的色调效果，这有助于突出某些图像，而将其他的图像隐于背景。

一旦你开始编辑你的调研素材，你就需要做一个情绪板。在服装设计里，概念板、情绪板和故事板从本质上是相同的，它们提供了设计系列的汇总，包括主题、灵感、概念、色彩和面料。不同于速写本，可见的发展过程是必不可少的元素，情绪板只要在精心的编辑和艺术的表达情况下才能发挥作用。

采集的图像排好版固定在图板上。图板的大小可以改变，比如A4、A3或者更大的，比如A2。然而，出于演示的目的，如果为同一个特定的项目做的所有情绪板都用同样的尺寸，效果会更好。

如何做情绪板

要想做一个情绪板，就需要对所有的调研材料进行评估。将图片、面料和其他收集到的材料摆在一起，选出你最感兴趣的、能感动你的和信息详实的，情绪板所传达的态度应该成功地反映设计系列的态度。

下一步是从排版方面来组织这些被选图片。先不要使用胶水，将你选定的图片放置在图板上探索并置的可能性。不需要将图板的每一寸空间都填满图像。也可以考虑使用文字。这并不意味着大量地使用文字段落。仅仅用一个单词就能达到言简意赅的效果。

情绪板也会使用一系列除白色以外的颜色，所以选择一个合适的背景会比较好。整体上用中性的颜色是比较好的选择，比如白、黑和灰色，这些颜色不会和选定的图像相冲突。另一方面，这种效果可能正是你想要的。

The displaced onlooker

上图

这个情绪板是为巴宝莉品牌（Burberry）的一个设计项目而做的。它简述了色调和面料系列的故事，也包括历史的和当代的一些具有启发性的图像。

下图

色彩和面料的装饰是这个情绪板上的重点。这些关键的元素很有可能以某种方式整合到设计开发阶段以及最终的设计中。

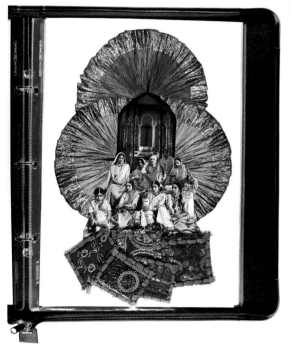

ACTIVITY ACTIVITY ACTIVITY ACTIVITY ACTIVITY ACTIVITY ACTIVITY ACTIVITY ACTIVITY ACTIVITY ACTIVITY ACTIVITY

练习：

选择能启发你的两个词，然后可以发展成两个完全不同的概念。收集到足够的图像和面料，能够分别编辑一个A3大小的情绪板；也可以使用立体的物品和文字。

试验和探索一系列组合的可能性。实施，拍照并重新排列。这样重复几次直到你获得满意的结果。目的是制作两个迥异的情绪板。

设计发展过程

这些页面显示了一个层叠式廓型的设计发展过程。这些草图最初是用铅笔画的，然后用钢笔勾出更清晰的细节。最左边的速写为所有其他的设计图开发提供了灵感。

设计发展是设计过程中的关键阶段。在第一手和二手调研资料间的三角剖分过程中所做的链接会引起设计反应，你的速写本应该包含对一个较好的最初设计理念的选择。最初的设计理念往往是对于研究收集的内容的快速而自发的反应。当对这些理念有了更多的思考时，设计发展过程就产生了。这时你就可以开始把重点放在设计细节、面料、色彩、轮廓和比例的开发上。

这个阶段可以在速写本上或一个描图纸上完成。半透明的纸可以很容易地临摹和修改线条，以加速这个过程。速写本里的纸做不到这一点，但一个册子可以让你把所有的研究和画稿放在一个地方。每个选择都试一下，看看哪种最适合你。

开始进行设计发展过程时，在设计内容方面，要选择最能支撑你初始理念的。每个最初的设计理念可以延伸出10到20个不同的变化。通过改变比例、面料、色彩配置、印花、底摆、领口、袖子、领子和口袋等元素来做尝试。要保证每个变化都是符合核心概念的，不要偏离。

这些简略型的人体画稿称为速写（来自法语"croquer"）。服装设计最好画在一个有助于判断平衡和上下比例的人体上。创建一个模板（预先绘制的体型）；这将节省你的时间，让你专注于设计。

在这个阶段之后，每个单体服装可以通过款式图来进一步探讨（工艺图），这个更明确并提供了更多细节。

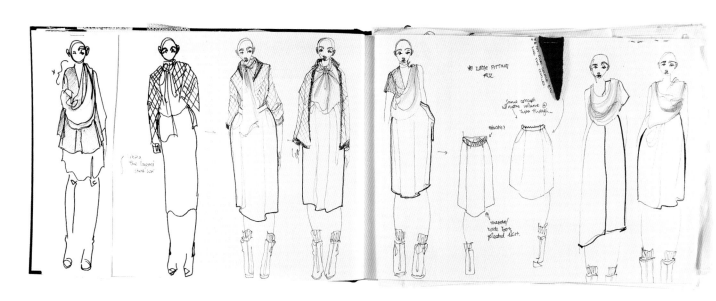

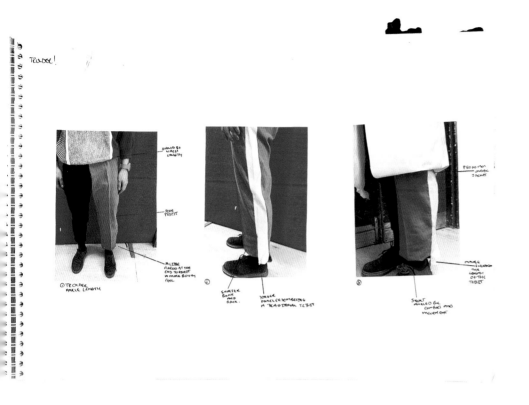

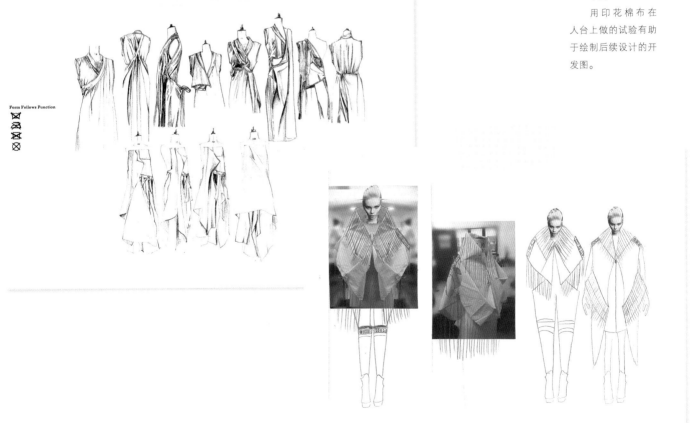

上图

　　设计开发过程也可以用立体的方式进行。无论是一条裤子的裤脚，还是找出某件服装与另一件的比例关系，有时候没有什么比在你面前用实物的方式来展示最初的设计理念来得更有效了。

中图

　　本页展示了一个无袖女装的设计理念是如何通过一系列的设计细节和合体的修改来开发的。

下图

　　用印花棉布在人台上做的试验有助于绘制后续设计的开发图。

作品集

你的作品集以图片的形式记录了你的成绩；它应该展示你的设计才能、绘画、插图、演示和工艺技能。它不仅是你作品的一个集合，也应该反映你的个性。

作品集通常是一个装订起来的塑料夹活页。它可以是A4或A3的尺寸，最好一开始两种尺寸都尝试一下，然后找到最适合你的。决定一个合适的定位（肖像或风景），并尝试只使用其中一种格式来展示你的作品。为每个设计项目选择一个合适的模板，将有助于增加作品各个部分的凝聚力和独特性。双页对开展示可以产生更大的视觉冲击，因此如有可能，尽量用这种方式。

作品集应该以专业的方式来呈现，无论是封面还是内页。每次做演示的时候，把塑料套和文件夹擦干净。装订好的作品的边缘需要裁剪整齐。作品集应该表达一种对细节的关注，即使是最细小的事情。

在服装设计生涯里的不同阶段，作品集也会有所不同。比如，平时练习的作品集和毕业时整理的作品集就不一样，后者是对学位课程的最后一年或类似的研究计划（有时包括倒数第二年的项目）的作品进行良好的编辑。它的目的是展示广泛的技能和广博的知识。

作品集也因你所处的服装行业的不同部门而各异。例如，一个独立设计师的作品集，是一个个人的设计作品集合，而一个行业作品集属于某个雇主，代表一个服装公司所完成的设计案例。

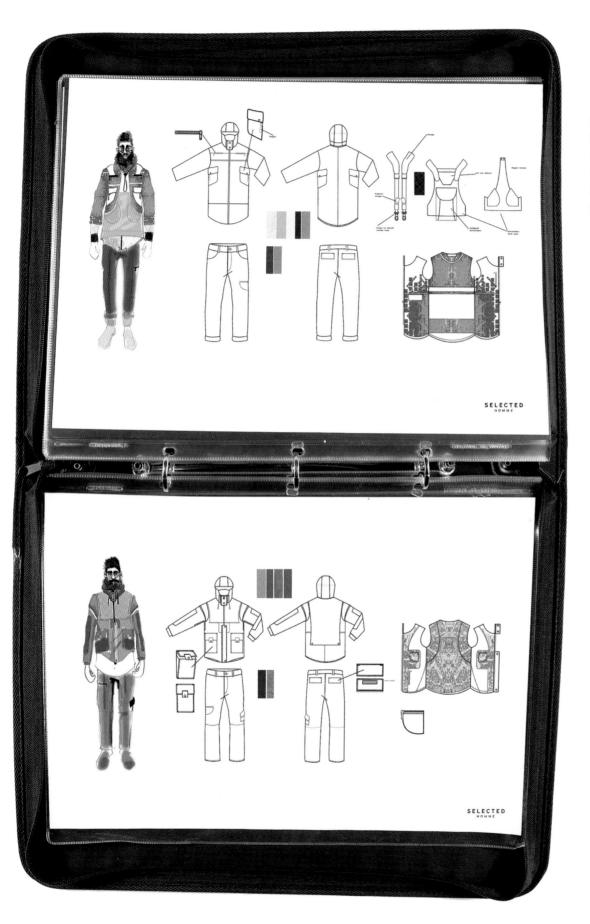

这些都是已经完成的一个男装系列的作品集。这个学生考虑了页面的布局，并分别用专门的区域来展示效果图、正视图、后视图、面料样品和设计细节。

1. 款式细节图

作品集是用来展示你对调研资料的精细编辑和款式细节图的。款式细节图是一个设计项目的最后成果，从设计发展阶段选出的服装会用彩色效果图来表现。每款服装效果图都应该配正视和后视款式图以及面料样品。在一页里将一个系列的服装排列在一起效果也不错。

这些效果图连同情绪板，应该传达设计系列的审美。所以要特别注意你所选择的灵感缪斯以及人体动态的位置和精神面貌。如果想获得有现代感的姿势，可以参考当前的杂志来开发一个模板。尽量在每个设计项目中用同样的版式，以获得整体感。

2. 电子作品集

在创建电子作品集时，注意事项与实物作品集的制作是一样的。两个版本的作品集都有最好，可以让更多的人看到你的作品。

电子版作品集的内容是数码形式的。电子文件可以通过使用扫描仪或者拍摄来获得。确保扫描或拍照的分辨率达到300dpi以上，这样才能确保你的图片符合专业标准。你还可以用软件来制作电子稿作品，比如使用Adobe Illustrator、Photoshop和InDesign等软件。为了确保这些文件所有人都能打开，就要把它们保存成一个标准的电子格式，如PDF（便携文档格式）或JPG（由Joint Photographic Experts Group开发的一种常用的图像文件格式）格式。

许多网站展示了毕业生作品，可以让更多的受众浏览。Arts Thread（www.artsthread.com）提供界面接口，可以在世界上的任何地方都能看到这些作品集。Issuu（issuu.com）是另一个数字出版平台，广泛用于展示作品。从一个PDF格式的作品，你可以创建带有链接和嵌入式视频的交互式网络文档。访问和下载Issuu上的图像可以由你来指定。创造一个良好的在线展示的作品集，使观众想知道关于你作品的更多内容。

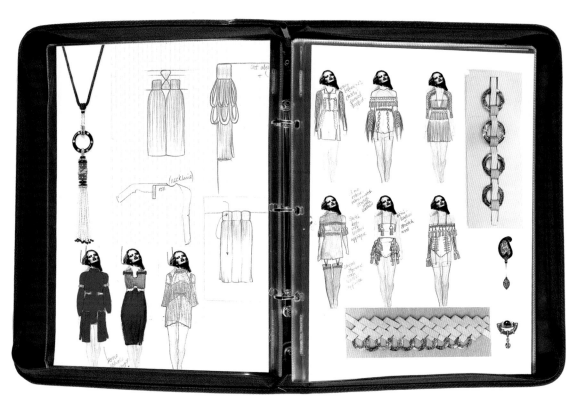

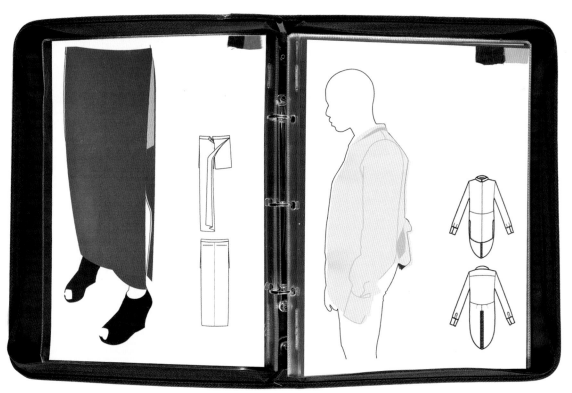

上图

连同款式细节图，作品集应该包括编辑好的速写本和设计开发作品。通过这样做，你可以提供一个从调研到最终成品的现有项目的总览。

下图

设计系列的精髓一直贯彻到这些最后的款式图中。用Photoshop和Illustrator软件画出很简洁的款式图。

案例学习

MJM

品牌 Makin Jan Ma（MJM）的设计师 Makin 出生和成长于香港。渴望体验不同的生活，他在19岁时到伦敦中央圣马丁艺术与设计学院学习平面设计。平面设计课程强调的是探索和实验；结果，Makin 培养出一种多样性、实验性和非常个性话的视觉语言。Makin 说，"当我在学习平面设计时，我专注于发展在视觉方面的诗意语言。我认为这真的影响了我做设计创作的方法。创造的过程就像写一首诗。有了学习平面设计与传播的背景有助于我使用有效的方法来与制造商和工厂沟通。"

本科毕业后，他又花了两年时间在伦敦的皇家艺术学院完成了传播与设计专业的硕士学位，期间 Makin 了解到了风险投资的价值，这为他未来的工作设定了基调。

Makin 自己艺术方面努力的重点是强调概念化。他还利用多种媒体，这使他可以自由地把很多创造性的想法变成现实。"一开始是很难的，因为我不太懂时装的语言，但是经过几年的尝试并犯了很多错误以后，对于时装，我有了自己的理解，真的帮助我对自己想要表达的东西进行充分表达。当我开始混合使用不同的媒介来讲述一个故事时，我发现这很有趣、很令人兴奋。"

电影对于 Makin 有着特别的吸引力。他的第一部电影项目是独资的，Makin 负责故事情节、人物以及服装，这些角色带来了很多创造的空间。我认为一个强大的概念可以帮助设计师可以专注于创作。但一个好的概念也需要给创造者足够的空间。有时你需要在路上迷失，这是为了寻找一个更深的意义。"

这个项目为他未来的服装设计系列奠定了概念性的方法：这些设计系列的创建类似于电影中角色的发展。Makin 解释道，"这些人物形象有非常独特的个性，表达特定的情感。情感是人类一个非常有趣的部分。我们分享彼此的情感体验。通过向想象的来自不同文化背景和社会背景的人物传达不同的情感，就可以链接到整个社会。当我创作不同的人物时，我研究不同文化和社会群体的不同行为。所以最理想的是每个人物是一个特定消费人群的反映。但我不是故意这么做的；它贯穿于整个创作过程中。"

Makin 从2006年开始对当代服装行业产生兴趣，由 Makin 创作的故事启发的一些列 MJM 品牌的服装受到了市场的特别关注，MJM 品牌的服装现在已经在英国、德国、比利时、丹麦、法国、中东、意大利、美国、新加坡和日本等地出售。

Makin Jan Ma 2012
秋冬系列 "Guts Olo"

术语表

相加色（Additive colour）：由两种或两种以上的光的三原色（红色、绿色和蓝色）混合而成。

设计概要（Brief）：一个任务或者项目的纲要，用来指导项目的实施，并设定宗旨、目标和时间表，学生设计项目概要还会包含评价要求和标准。

头脑风暴（Brainstorm）：在小组里或独自产生灵感，并记录在纸上以供进一步探索（见Spider diagram）。

品牌识别（Brand identity）：一个品牌可识别的以区别于其他品牌的元素。

碳足迹（Carbon footprint）：生产某物品所排放的二氧化碳的量。

拼贴（Collage）：将不同的材料拼贴组合而成作品的一种方法。

色彩预测（Colour forecasters）：以调研为基础对时装及相关产品的下一季色彩流行趋势的预测。

调色板（Colour palette）：设计师在设计系列里对一系列颜色的选择和使用。

互补色（Complementary colours）：减色系统里在色环上处于相对位置的颜色，例如红色和绿色，黄色和紫色，蓝色和橙色

版权（Copyright）：对任何表达方式的一种法律保护形式，特别是原创的创意，比如艺术、音乐和文学作品。

速写（Croquis）：一种素描时装画。

休闲服（Cruisewear）：由设计师、设计室或服装品牌开发的除春夏和秋冬系列之外的一种跨季的成衣服装休闲系列。

解构（Deconstruction）：将一件服装或一组预设的创意分离的过程。

人群（Demographic）：人口的一个部分，在服装行业指的是设计师所为之设计服装的一个特定的消费者群体。

立体裁剪（Draping）：见Modelling on the stand。

生态时装（Eco fashion）：见Sustainable fashion。

人种研究（Ethnographic research）：对不同人群间的相互作用进行长时间的实地观察。

面料组合（Fabric story）：所选的最能支撑你调研内容的一组面料。

纤维（Fibre）：用来织造或热熔成面料的一种天然的或者合成材料的线状物。

款式图（Finished sheets）：由彩色时装效果图、平面结构图和面料小样组成的展示图页。

平面结构图（Flats）：设计示意图以显示所有的细节。

坯布（Greige goods）：未经染色或漂白的面料。

高级时装（Haute couture）：法语词"高级时装"，满足法国高级时装工会严苛的要求，由少数巴黎高级时装定制品牌预约定制的昂贵时装。

面料样卡（Header card）：展示面料样品的卡。

高街时装（High street fashion）：国内的或国际的连锁时装店销售的平价时装。

知识产权（Intellectual property）：任何知识创作物，如设计、歌曲、品牌、发明等。

并置（Juxtaposition）：将不同的事物（图片、面料、颜色等）放置在一起对比。

交货时间（Lead times）：对杂志而言，指的是在出版前制作一期刊物所需的时间；在服装行业指从生产服装的订单落实到成品送货所需要的时间。

光轮（Light wheel）：在加色系统里显示光线和透明色的反应。

宏观趋势（Macro trend）：基于大的社会变迁的趋势。

人造面料（Man-made fabric）：由合成纤维制成的面料。

微观趋势（Micro trend）：在社会上逐渐流行起来的变化趋势，并形成了一股推动力，虽然只是刚开始有一些小规模的运动。

思维导图（Mind map）：见Spider diagram。

混纺面料（Mixed fabric）：由两种或两种以上的不同纤维纺织、针织或机织而成的面料。

人台造型（Modelling on the stand）：在人台上用面料造型。

情绪板（Mood board）：为设计系列提供灵感总结的图稿。

孟塞尔色相环（Munsell sheel）：用来显示区分颜色系统里通过混合颜色所造成的颜色间的相互作用。

灵感缪斯（Muse）：一个真实的或者假想的人，用来启发设计师（或任何一个在创意行业工作的人）来创作。灵感缪斯也可以代表设计师所为之设计的理想消费者或消费群体。

细平布（Muslin）：见Toile。

天然面料（Natural fabric）：由天然纤维（植物纤维、动物纤维或自然过程形成的）制成的面料。

写生（Observational drawing）：对照着物体边观察边画。

区分色（Partitive colour）：观察者所感知到的相邻色的混合色。

色相环（Pigment wheel）：显示由原色混合而成的颜色之间的关系。

成衣（Prêt-à-porter）：法语词"成衣"，与高级时装或高级定制相反，成衣是大批量生产的。

原色（Primary colour）：在减色系统里，不能由其他颜色混合而成的颜色。三原色是红色、黄色和蓝色。

第一手资料调研（Primary research）：由你自行收集的第一手资料。在服装设计中，这包括你所拍摄的照片、画的画稿和用面料做的试验和设计细节等。

成衣（Ready to wear）：见"Prêt-à-porter"。

推荐阅读书目

二次色（Secondary colour）：在减色系统里，由不同的原色混合而成的颜色。二次色有橙色（红色和黄色混合）、绿色（黄色与蓝色混合）和紫色（蓝色和红色混合）。

第二手资料调研（Secondary research）：与第一手资料调研相反，这是对已存信息的收集、回顾和解读研究。在服装领域，你可以通过从书籍、杂志、视频或者网络收集信息来实施第二手资料调研。

蜘蛛图（Spider diagram）：由一个主要灵感产生多个灵感的视觉系统，也称为Mind map。

减色（Subtractive colour）：通过混合颜料、染料、油漆、墨水和天然着色剂产生的颜色。

超级品牌（Super-brand）：占有市场主导权、顾客忠诚度以及历史悠久的世界知名品牌。

可持续发展时装（Sustainable fashion）：尽量对环境造成最小影响的服装。

工艺图（Technical drawings）：见Flats。

第三次色（Tertiary colour）：在减色系统里，介于原色和二次色之间的颜色。第三次色是由一个原色和色环上一个相邻的二次色混合而成。

坯布试样（Toile）：由便宜的面料制成的衣服样品，比如白棉布（Muslin）。

趋势（Trend）：变化或发展的一般性方向。社会的、文化的、政治的和经济的影响结合到产品的流行趋势中。

流行趋势书籍（Trend book）：解读未来流行趋势的书。

趋势预测机构（Trend forecasting agency）：利用时尚情报来预测未来流行趋势的机构。

三角剖分法（Triangulation）：将第一手资料调研和二手资料调研里的各元素混合起来使用以产生设计灵感。

Ang, Tom. Fundamentals of Modern Photography. London: Mitchell Beazley, 2008.

Armstrong, Tim. Colour Perception: A Practical Approach to Colour Theory. Norfolk, UK: Tarquin Publications, 1996.

Atkinson, Jennifer L., Holly Harrison and Paula Grasdal. Collage Sourcebook: Exploring the Art and Techniques of Collage. Hove, East Sussex: Apple Press, 2004/Gloucester, MA: Quarry Books, 2005.

Atkinson, Mark. How To Create Your Final Collection. London: Laurence King Publishing, 2012.

Black, Sandy. The Sustainable Fashion Handbook. London: Thames and Hudson, 2012/New York: Thames and Hudson, 2013.

Brown, Sass. Eco Fashion. London: Laurence King Publishing, 2010.

Burke, Sandra. Fashion Designer: Concept to Collection. UK: Burke Publishing, 2011.

Carroll, Henry. Read This if You Want to Take Great Photographs. London: Laurence King Publishing, 2014.

Craig, Blanche. Collage: Assembling Contemporary Art. London: Black Dog Publishing, 2008.

Faerm, Steven. Fashion Design Course: Principles, Practice and Techniques; The Ultimate Guide for Aspiring Fashion

Designers. London: Thames and Hudson, 2010.

Feisner, Edith Anderson. Colour. 2nd edition. London: Laurence King Publishing, 2006.

Fletcher, Kate, and Lynda Grose. Fashion and Sustainability: Design for Change. London: Laurence King Publishing, 2012.

Frankel, Susannah. Visionaries: Interviews with Fashion Designers. London: V&A Publications, 2005.

Gaimster, Julia. Visual Research Methods in Fashion. Oxford and New York: Berg, 2011.

Jennings, Tracy. Creativity in Fashion Design: An Inspiration Workbook. New York: Fairchild Books, 2011.

Jones, Sue Jenkyn. Fashion Design. 3rd edition. London: Laurence King Publishing, 2011.

Kirke, Betty. Madeleine Vionnet. San Francisco: Chronicle Books, 1998.

Leach, R. The Fashion Resource Book: Research for Design. London and New York: Thames and Hudson, 2011.

Miglietti, Francesca Alfano. Fashion Statements: Interviews with Fashion Designers. Milan: Skira Editore, 2006.

Minney, Safia. By Hand: The Fair Trade Fashion Agenda. London: People Tree, 2008/San Francisco: Chronicle Books, 2009.

Penn, Mark J., and E. Kinney Zalesne. Microtrends: Surprising Tales of the Way We Live Today. London: Penguin Books, 2008.

Raymond, Martin. The Trend Forecaster's Handbook. London: Laurence King Publishing, 2010.

Scully, Kate, and Debra Johnston Cobb. Colour Forecasting for Fashion. London: Laurence King Publishing, 2012.

Seivewright, Simon. Basics Fashion Design 01: Research and Design. 2nd edition. Lausanne: AVA Publishing, 2012.

Sorger, Richard, and Jenny Udale. The Fundamentals of Fashion Design. Lausanne: AVA Publishing, 2006.

Webb, Jeremy. Creative Vision: Traditional and Digital Methods for Inspiring Innovative Photography. Lausanne: AVA Publishing, 2005.

资源网站

Art full text
www.ebscohost.com/academic/art-full-text
一个关于纯艺术、装饰艺术和商业艺术的文章数据库，也包括摄影、民间艺术、电影、建筑和其他艺术相关的主题。你所在的大学图书馆可能已经订阅了该数据库，可以免费试用。

Fashion museum, Bath, UK
www.museumofcostume.co.uk
从17世纪到现在的历史性的和时尚的着装。

Berg fashion library
www.bergfashionlibrary.com
一个大型的参考资源库，包含关于服装史上全世界有关服装的文字和图像资料。如果你所在的大学图书馆没有订阅该网站，该网站对于学院机构提供30天免费试用期。网上也提供PDF版本的图书馆推荐申请表的下载。如果你不能通过大学图书馆登陆该网站，那就只有付年费使用了。

The costume institute, the metropolitan museum of art, new York
www.metmuseum.org/about-the-museum/museum-departments/curatorial-departments/the-costume-institute
从15世纪到现在的全世界的时尚服装和地区性服饰品。

La couturiere parisienne
www.marquise.de
从中世纪到20世纪早期的古代服装在线数据库。

Ethical fashion forum
www.ethicalfashionforum.com
可持续发展时装产业。

Fashion-era
www.fashion-ear.com
探索时装、服饰和社会历史的网站。

Fashion monitor
www.fashionmonitor.com
在时尚和美容行业最新的动态、新闻和活动。

Fashion net
www.fashion.net
全球时尚门户。

The future laboratory
thefuturelaboratory.com
专注流行趋势预测、消费者见解研究和品牌创新战略的机构。从该网站可以访问公司博客，并且可以订阅时事通讯。

Lifestyle news global
www.lsnglobal.com
在生活方式产业中，对流行趋势、市场见解、产品的案例学习、品牌和消费者、设计方向背后的灵感验证等的分析。

Mintel
www.mintel.com
Mintel是全球知名的市场研究权威网站。由于其对市场理解的重要程度，你所在的大学图书馆很可能订阅了这个数据库。网站上也可以访问博客，可供你了解相关的问题。

The Museum at FIT, Fashion Institute of Technology, New York
fashoinmuseum.fitnyc.edu
纽约时装学院的图书馆藏有从18世纪到现在的时尚以及服饰的最丰富和多样的设计系列。

Promostyl
www.promostyl.com
流行趋势预测先驱。可以免费登陆Promostyl的博客。主题包含社会和环境对流行趋势影响的了解。

VADS (Visual Arts Data Service)
www.vads.ac.uk/collections
在VADS网站上可以看到很多英国视觉艺术图像作品。所有的图像都是免费使用的，学习、教学和研究使用时无版权限制。

The Vogue Archive
www.vogue.com/archive
该杂志从1892年创刊到现在，可以实现对全彩图像的全搜索。你所在的大学图书馆可能订阅了该数据库，Vogue杂志订阅者有部分访问权限。

WGSN
www.wgsn.com
时尚流行趋势预测和分析机构，你可以免费订阅月刊时事通讯。